not only passion

not only passion

Lesbian Sex Secrects for Men

女同志給男人的性愛指導

著=潔美‧高達 Jamie Goddard
　　寇特‧布倫加 Kurt Brungardt
譯=李建興

not only passion

大辣

dala sex 002

搞定女人──女同志給男人的性愛指導
Lesbian Sex Secrets for Men

作者：潔美‧高達（Jamie Goddard）／寇特‧布倫加（Kurt Brungardt）
譯者：李建興
責任編輯：呂靜芬
審稿：周敏
校對：李建興、呂靜芬
插圖：Ah Tak
企宣：吳幸雯
美術設計：楊啓巽工作室
法律顧問：董安丹律師、顧慕堯律師
出版：大辣出版股份有限公司
　　　台北市105南京東路四段25號11樓
　　　www.dalapub.com
　　　Tel: (02)2718-2698　Fax: (02)2514-8670
　　　service@dalapub.com
發行：大塊文化出版股份有限公司
　　　台北市105南京東路四段25號11樓
　　　www.locuspublishing.com
　　　Tel:(02)87123898　Fax:(02)87123897
　　　讀者服務專線：0800-006689
　　　郵撥帳號：18955675
　　　戶名：大塊文化出版股份有限公司
　　　locus@locuspublishing.com

台灣地區總經銷：大和書報圖書股份有限公司
地址：新北市新莊區五工五路二號
Tel：(02)8990-2588　Fax：(02)2290-1658
製版：瑞豐實業股份有限公司
初版一刷：2003年11月
初版二十八刷：2017年12月
定價：新台幣280元

ISBN 957-28449-6-2

目錄　　Contents

此時無根勝有根

許佑生
（作家，性學博士）

　　早在我尚未去唸性學，純粹還是一介作家身分，在報紙撰寫情慾專欄時，我就聽過西方一個重要的理論：男人應該要好好地跟女同志學習做愛之道！理由很簡單，因為女同志的生理結構不同，底下沒有突出的那一根玩意，所以才會竭盡所能「截長補短」，而在性愛過程中將技巧發揮得淋漓盡致，值得男人們效法。

　　在讀性學時，我看到一本書，出現兩幅趣味盎然的素描，以對比手法處理，標示出男女兩性各自的性感帶。第一幅的裸女全身被拉出去許多根黑線，表示她的耳朵、嘴唇、頸子、乳房、肚臍、小腹、陰部、大腿內側、膝蓋、腳底心等，都是會帶來快感的性感帶。而第二幅的裸男呢，每一根黑線的線頭全部座落在他的陽具上，胯下儼然變成一團大放異彩的光源體，當時看得我莞爾一笑，雖略嫌誇張，卻可說盡得神韻。

　　的確，長久以來，女性對男性在性愛表現上最不滿意的地方，普遍都落在他們的「陽具中心論」，因為這一來，使大部分男人養成「我有寶貝」的心態，只肯把做愛集中在跟陽具有關的三大段落：堅挺→插入→射精，而荒廢了其他的性愛功夫。難

怪！在一本相當有口碑的教科書，美國大學用來當作性學通識教育課程的教材《人類性學》（Human Sexuality：Diversity in Contemporary America）中，特地引用了一段在民間收集的塗鴉，反映出令人深思的普羅智慧：「女人之所以假裝高潮，就跟男人假裝在作前戲是一樣的。」

男人除了以陽具恃驕而寵、前戲馬虎，甚至索性跳過去之外，當然還有不少站在男性本位，而忽略女性身心感受之處，在這本《搞定女人》裡，我們看到作者如數家珍分析出來，白紙黑字的罪狀一攤開，令一向不以爲然的男人只得乖乖認錯、進而虛心討教。

《搞定女人》的寫作立場，結合了女同性戀者與男異性戀者的互補觀點，因爲這兩個族群有一個美麗的交集區：都愛女人，也都對女人有慾望。從原始以降，男追女，被視作天經地義，正因爲如此，男人遂把兩性的相處學問，習慣地也視作理所當然了。他們愛女人、跟女人做愛，都不脫一副理直氣壯，許多卻因而搞得灰頭土臉，吃閉門羹、被踢下床，然後氣急敗壞，雙手一攤，嘆道：「唉，真搞不懂女人！」這本書大概就是聽了太多這類男性的抱怨、疑竇、鬱悶，而來聞聲救苦了。

在《搞定女人》一書中，這樣充滿啓發性的對比俯拾可得。女同志不僅愛女人、跟女人做愛，還包括勝過一般異性戀男人的另一項優越點：她們本身也是女人！知己知彼的女同志，這次要來對男人傾囊相授了。

幾乎隨手一翻，都有叫人眼睛一亮的…不管你稱它作精華，或警語。

比方，女同志專家如此開示：

「男人的腦、嘴、手都是美妙的性道具。」

「如果你認為討論性愛是一種干擾，把這些觀念丟進垃圾桶吧！」

「性愛不是一件事，而是所有的事。」

「親吻，對大多數女人關係重大，跟性愛地位同等。」

「不論該粗魯或溫柔對待，乳房都像陰莖一樣多變。」

除了這些觀念的醍醐灌頂，《搞定女人》也重新教育男性認識女人的身體，別以為這是老生常談，去問一問男人吧，很多在女體的常識方面可能都還不及格呢。

另外，它也提供了許多實用的性愛教戰手則，有性感按摩、口交的奧妙、抽送的生物力學、向肛門禁地探險、SM遊戲等，每一項都是女同志性愛爐火裡熬成的金丹，具有挑戰男性傳統意識的能量。

這些翔實的剖析，就像一張尋寶圖，指示如何穿越幽深曲徑、假山勾欄，終於尋到寶藏。此後，男人如果還在說：「我的手不夠巧、我的舌頭不靈活、我的抽送就是這個樣子、我才不去碰肛門、我幹嘛沒事玩SM？」理由一大堆，而只願站在外圍，或作壁上觀，那只好繼續哭喪著臉，嘆息：「怎麼老搞不定女人？」

西蒙波娃曾說過：「在女人之間，愛是一種熱情，愛撫並不是為了企圖去佔有對方，而是透過另一個她，來再創造自我。沒有掙扎，沒有勝利，沒有失敗。彼此間既是主體，也是客體；是首領，也是奴隸。二元性，變成相互依存。」女同志的精神與技法，確有諸多可取，這段話就是最佳的註腳。

搞定女人之前，先搞定自己

王蘋

（性別人權協會秘書長）

　　的確，《搞定女人》是一本國外來的書，但若下面這篇台灣的報導有一定的可信度，我可以肯定地說，這個社會大多數的人，都可以從這本由女性性快感經驗出發的書獲益良多。

　　台北醫學大學附設醫院及泰安醫院性福門診統計顯示，有四分之三的女性覺得男方技巧不佳，超過一半埋怨男方不夠溫柔，更有四分之一認為男方的動作簡直幾近暴力。男女對愛撫、前戲、溫柔度的認知不同，男方多半仍停留在「勇猛有力」的迷思，卻忽略的女方的心靈感受。泰安醫院院長提出「性愛331」——甜言蜜語3分鐘、溫柔愛撫3分鐘、深情擁抱10分鐘，希望台灣的女人不只幸福，還能「性福」！（2003/10/14大成報）

　　我們先假設，會去看「性福門診」求取壯陽仙丹的人，至少已經是改善親密關係品質上的有心人，殘酷的事實卻是：想在性事上獲得男女雙方皆愉悅的結果，真的不是一顆大力丸能解決的。對於對方的性反應，每一個在性關係中在意對方感受的個人都會關心，而對於生理構造與己不同的異性，這樣的關心，難免帶著一點不了解的困惑，常常無法確定是否這就是對方要的？其實，即使同一性別，生理反應亦會有差異，陌生不只發生在男女

之間，而是在於任何兩個個體之間。那麼本書作者怎麼敢宣稱，女同志的性比異女的性更讚？

如果331這種標準還需要專家對異性戀男性提出呼籲，毫無疑問的，女同志的「嘴」上功夫、「心」上功夫乃至床上功夫，確實值得大半異性戀男人拜師學藝。找對老師下對功夫，耗費的精力和金錢，絕不會超過琢磨於如何更粗、更壯、更久的各種祕技藥方。

關於「性」，總是有太多的糾察隊告訴我們這樣不夠標準、那樣不是正常，但說老實話，恐怕很少有人的性幻想和性願望，能完全通得過嚴格的道德檢驗！也因此存在著太多的難以啓齒，只能當成意淫的材料，卻很難開誠佈公拿來與伴侶分享。不幸的是，「大腦」是人類最重要的性器官，而「談論」則是人與人之間最基本的溝通方式。

再則，就像人有高矮胖瘦、興趣有天南地北，性器官造型和性興奮的機制也很不相同，但並不是每個人都有機會看過並比較過很多性器官，以了解性器官本來就差異極大的事實，沒什麼好難爲情；很多男女難以面對自己跟「一圖獨大」的教科書不大一樣的「隱疾」，可以毫無障礙和羞怯地與伴侶賞玩自己的身體和感覺。不過更糟的是，男人和女人總是被形容成截然不同甚至完全相反的異星球生物，差異幾乎無從銜接。

不同於時下其他鑽研在「戰術」層次的性教學指南（以及T恤上所繪的各種高難度體位），知己知彼、百戰百勝，《搞定女人》書中講解女人性器官各部位如陰蒂、內外陰唇、G點等等相對於男性的同源器官，不只讓男性更容易從自己熟悉的身體對比女性的各種快感來源，更可以以同理心領悟出較佳的對待方式。是的，彼此儘可能很不相同，但絕對不至於無法理解。這樣的知識

也同樣有助於女性對自己一些身體與感覺上的疑問豁然開朗。

　　本書整理了數百位女同志親密關係互動的實踐，平心面對個體之間想像與期待的落差，在態度上協助一般異性戀男性在親密關係上所缺乏的開放討論基礎。先讓伴侶彼此有了信賴和溝通的基礎，能享受親吻、按摩、愛撫和所有的性的玩法，再進階到肛交、性玩具、SM。避孕以及性虐待等議題，更是男性希望女性敞開心懷、放膽一起玩之前，不可不思考、體貼的問題。

　　性是我們天生就會做的事，但是只要多費一點點心思，就能開啓一個全新的愉悅境界。想在性事上「搞定女人」嗎？別急，先搞定自己對女性身體的一知半解，搞定自己誠心接納對方性幻想、性喜好的決心，以及搞定自己對對方全心的渴望和熱愛，並確認自己對對方的感受絕對大於自己慾望的優先順序。

　　再者切記，不可沉迷於這本絕世武林祕笈，當伴侶呼喚你的時候，必須在第一時間拋開本書；無論如何，這不過是本參考書而已，研究的重點還是在她的身上！

以更好的方式取悅女人

潔美與寇特

　　這本書把女同志與男人這兩個向來涇渭分明的群體拉到一塊兒，討論雙方都有強烈興趣的話題：女人與性愛。

　　寇特想寫這本書，但他不是女同志，需要找個圈內的幫手。於是他找到了潔美——對這個計畫有興趣的出櫃女同志兼性教育者。知道彼此可以合作找到許多資訊並且樂在其中。

　　我們不想閉門造車，因此發出許多問卷（包括異性戀女性），也收到非常有趣的寶貴答案。我們從異性戀男性、女同志與雙性戀女性中挑選抽樣團體。女同志與男士們無話不談，這成了我們的寫作材料。

　　某些小組進行順利，男女雙方互敬互愛；也有些小組劍拔弩張，男性與女同志／雙性戀女性的歧見非常明顯。本書也包括異性戀女士的心聲，因為了解她們性生活中的慾望與挫折也很重要。感謝大家與我們分享了許多私密的事。

　　我們以女同性戀與男異性戀的身分撰寫這本書，目的是要幫助男人以更好的方式去愛女人。本書僅代表作者共同的觀點，不代表全體女同志或是全體男士。這兩個群體的世界都太複雜，不能在這樣主觀的書中囊括。我們是兩種人，各自用不同的眼光看

世界。他人的意見算是補充，主要還是我們作者的意見。這本書算是入門工具書，幫助人們以新的方式討論並思考性愛這回事。

書中採用的語氣五花八門。或許在這頁把生殖器稱為「陰戶」「陰莖」，在下一頁又稱為「穴」「鳥」。我們知道不是所有人都能接受粗鄙的措詞，有些人從不指稱自己的生殖器，但是為我們的身體部位正名是很重要的！否則如何具體明確地滿足自己的需求呢？如果你一直用「下面那裡」稱呼它，如何與伴侶討論你的喜好？「親愛的，我喜歡你摸我下面那裡，但是我不喜歡你把手指伸到我後面。」你所選用或避諱的字彙都可能構成某種妨礙。我們採用這些字彙是因為我們喜歡，希望用了這些字能讓它們不再那麼敏感，或對某些人造成不悅。

請特別注意書中的「親愛的，靠過來」小單元。這個單元是請大家附耳過來，分享重要又有趣的女性性知識。我們的使命是幫大家在性的互動中找到更多喜悅與深度。於是把兩個未必相關或彼此了解的群體聯繫在一起，完成了這個使命。異性戀男性與女同志一向沒什麼機會溝通，這就是本書值得一寫的理由。如果性愛可以開啟對話的管道，或許我們可以學習彼此的不同經驗，促進相互了解，甚至更尊重對方。

我們都同意女人是複雜的動物，也都熱愛女人，卻經常被她們逼瘋。我們渴望女人，但她們未必領情。即使有幸追到一個，也往往不知所措。

本書將指導你如何呵護、療癒、疼愛以及與你的伴侶性愛，達到雙方的滿足。所以，放輕鬆點，開始享受本書吧！

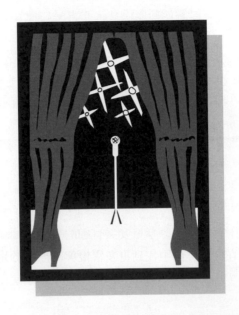

前言 認識女同志

The Lesbian Classroom

導論

　　這是一本討論如何取悅女人的書。在此女同志與大多數男人有了交集——都想知道如何成為女人的好情人。而女同志可以提供男士們很受用的觀點，她們不只有跟女人做愛的經驗，她們本身就是女人，了解得一清二楚。

　　女同志的觀點有個先天上的優勢。研究顯示，有伴侶的性愛中，女同志達到性高潮的次數比異性戀女士多。男士們，認清現實吧！大多數參與我們抽樣團體的女性是為了想幫助男人長進一點。隔岸觀火的女同志們知道很多男人需要幫忙。

　　她們參與這個活動不是為了洩漏私密，而是分享她們跟女性做愛學到的性知識並提出建言。這種交流非常罕見，某些觀念或許前所未見，但是本身並不是什麼祕密，否則她們根本不會說出來！我們發現，取悅女性的真正祕訣，就是保持開放的心態，勇敢討論性愛。

女同志是什麼？

　　好吧，基本常識：女同志是什麼？這個問題比表面上看來複雜多了。這些只愛女人的女同志們無法用一個簡單的類型去概括。這個族群裡有很多種經驗與身分認同。你在街上不一定認得出來，可能跟人家聊了半天還不知道她是女同志，也或許你家裡就有一個。你甚至可能糊裡糊塗地愛上女同志。

　　女人的性傾向有很多類別。某些女人自稱「女同志」（lesbian，或稱蕾絲邊），也有人喜歡「雙性戀」（bisexual）、「多性戀」（pansexual）、「酷兒」（queer）、「dyke」等稱呼，或拒絕上述任何標籤，直接說是「愛女人的人」。為了簡化，我們把這些

女人概稱爲「女同志」。她們都跟女人發生過性關係，我們稱之爲「女同志性愛」。至於性傾向分類就不像A、B、C型那麼簡單了。

親愛的，靠過來
親愛的，世上有幻想也有現實。現實生活中，沒有任何仙丹、跳蛋、舌功、綑綁式假陽具或震動玩具能夠取代你這個體貼情人的地位。沒有捷徑。讓一個女人喜歡你的唯一辦法就是真心喜歡她、取悅她！

女同志的世界：幻想與現實

　　爲什麼女同志這麼令人魅惑？一部分原因是，大多數人對女同志的認知被扭曲了。但是女人與女人做愛確實有讓人血脈賁張的魅力。就像其他異性戀男人一樣，你覺得女同志有些特殊的地方，因此才拿起了這本書。或許你還曾經私下幻想女人做愛情形作爲娛樂。

　　連霍華史登（Howard Stern，在紐約以開黃腔聞名的電台DJ，主演過自傳電影《紐約鳥王》）的第一本書第一章都以女同志爲名，因爲他在節目中花很多時間談論她們。他說：「老實說，女同性戀眞是上帝的恩賜。世上每個男人都爲這些姊姊妹妹們著迷，至少我就是。」或許不是世上的每個男人都如此，不過大多數男人應該會對這本書感興趣。

　　霍華跟其他典型的男人一樣，對女同志好奇的理由都是：「在一旁看兩個女人做色情的事，一定非常不可思議。」男人的性幻想中，總是喜歡加入女同志的性愛，但這跟現實可差得遠了。兩個女人做愛的時候，她們只想獨處！

　　許多男人猜想女人需要陽具才有完整的性體驗，他們A片看

太多了。而這正是許多男人迷戀女同志的原因：如果沒有陽具，玩法一定不同，不是嗎？

學習為性愛加分

我們都聽過這些老問題：「女同志在床上都怎麼做？她們真的能做愛嗎？」拜託！如果你陷入「性行為等於陰莖插入陰道」的迷思，請繼續看下去。正因為沒有傳統異性戀的角色規範，她們更有空間創造她們想要的角色與玩法。這就是女同志性愛吸引人的重要理由。

性愛是需要學習的。關於性愛的價值觀與信念，以及做愛、發洩性慾的方法，全是透過學習得來的觀念或行為。我們出生時並沒有隨著「女人要經由陰道插入得到高潮、肛交很噁心、口交很舒服、屌大比較好、墮胎不道德、女同志很性感或變態、我們的身體是否有慾求…」等等觀念而來。我們是從文化環境中接受這些訊息而形成性觀念，學習到什麼是可接受或不可接受的性行為。

女同志學習性愛的方式跟異性戀男女不同，因為她們的角色範圍較廣，沒有同性恐懼感，這是完全不同的領域。某些女同志在成長過程中學到身為女同志是一種錯誤或罪惡，也有人從小以自己的性取向為榮。這些童年訊息顯然對女同志成年後的同性性經驗有重大影響。

同時，某些雙性戀女性以為必須在異性與同性之間抉擇，於是她們成了叛徒（對兩性都是）；也有人可以左右逢源，毫無罪惡感地選擇伴侶。每個女同志或雙性戀都有自己的特殊癖好，因為她們不像異性戀男女、男同志、回教徒或在鄉下長大的小孩，擁有共同的學習管道。

師法女同志

有很多關於性愛與戀情的事，是伴侶、朋友與家人沒有教或無法
教我的。甚至有時候，他們教我的東西有害無益。

——道格，28歲，巴爾的摩

　　坦白說，確實有許多誤解存在。男女兩性都需要外界團體幫
助溝通，以便展開誠實的對話。女同志可以站在特殊甚至客觀的
立場，教導男人如何以親密方式在性慾、情感兩方面取悅女人。
女同志不僅置身異性戀大戰的泥沼之外，她們不願也不必迎合男
人，因此可以提出誠實的建言。

我從第一個女同志情人學到的性知識，超過從其他伴侶學到的。
男女兩性似乎都可以向女同志學到很多東西。

——費娜，52歲，夏洛特鎮，維吉尼亞州

　　我們知道從女人與女人之間的親密接觸可以學到很多。你應
該也同意，否則不會讀這本書。如果這是別人送的書，你出於人
情壓力或用懷疑心態看待這本書，那也好，繼續看下去，我們保
證你會有所收穫。

　　有個接到問卷的異性戀婦女，被我們的論點給嚇壞了，她回
信說：「關於那檔事，女同性戀自認有什麼東西可以教男人？」
更適切的措詞是：「女同性戀憑"什麼"教男人做愛？」言下之
意是女同志沒有陰莖，怎麼可能指導男人如何做愛？

　　這是常見的誤解，也是本書想要闡明（或者說推翻）的事。
本書的主題聽起來或許很瘋狂，但是重點並不在陰莖。至少，討
論陰莖的方式不一樣，或許會讓你耳目一新。

　　有位男士來信分享他的性啟蒙經驗，我們覺得這故事太辛酸

了，許多男士看了一定心有戚戚焉。如果你還搞不清楚我們寫這本書的理由，以下故事可以解釋。

回想小時候對性愛的感覺，我只記得從來搞不清楚是怎麼回事。我知道要做什麼，但是不知道怎麼做。有些朋友一天到晚談性，我只好扯謊說我也做過。第一次有機會做是在16歲那年，當時她也是處女。結果我太緊張了，真的開始做的時候竟然翹不起來。她不太介意，但是我覺得自己像個超級大豬頭。其實她只是想跟我在一起而已。

那天之後直到我20歲，我沒有再打電話或見過她。她打過好幾次電話，還邀我去畢業舞會。可是因為那件意外，我把自己隔離起來，從此害怕裸體跟女人共處，它摧毀了我的自尊。我以為自己有什麼毛病，甚至還跑去看醫生。結果我只是太焦慮了，一心想要學我從朋友那裏聽來的故事一樣，用大老二討好女性，卻無法做到。

我根本不知道女人可以因為我的個性而喜歡我，我以為必須像經驗豐富的猛男一樣。如果有人教過我如何做愛，或教我用保險套，我的人生將會改觀。

——布萊安，23歲，佛州潘薩可拉

　　如果這位年輕男士知道不論有沒有勃起，他都有許多方法取悅女人，讓雙方滿意，那麼他的性愛學習過程一定會大幅改觀。如果有人教他嘗試別的動作，專注在伴侶身上探索，而非擔心自己的小弟弟，或許他會因為女人的興奮而再展雄風。如果有人告訴他，男人的腦、嘴、手都是美妙的性道具，或許他會脫胎換骨。但是大多數男人沒有受過這樣的性教育。

　　事實上，大多數男人的半輩子（或一輩子）都承受了社會與傳統的壓力——當「一探女人底褲」的時機來臨，就要成為一個

大鵰猛男。但是沒學過又怎麼會呢？

　　本書重點擺在喜愛、接納並願意分享自己情慾的女同志與雙性戀女人。她們把自己圈子裡的寶物與你分享，請接受這份禮物，放輕鬆，以身心最舒適的方式閱讀。

　　把你以前學過的觀念與做法擺到一邊，給自己一個看待情慾、女性與自我的新態度。我們希望此書對你有所幫助，一窺這個女性特殊族群的性生活，機會非常難得，當你讀完，或許你會以全新的角度欣賞女同志。

　　歡迎來到女同志教室。敞開你的心胸，集中注意，做好筆記，準備在愛與快感之下被粉碎與重組。你將學到比口交更豐富的東西，也會學到溝通與看待女性身體的新方法。如果你改善了性觀念，自然也會改善性技巧，而成為一個更好的男人！

　　好，咱們開始吧！

第一章　關於女人：基本認知

First Things First: The Whole Woman

說清楚講明白

對我來說，溝通不良的話，情況會令人很不滿意。如果我不知道她（或他，跟男人做的時候）要什麼，或對方不懂我的需要，老是在互相猜測，結果就無法完全滿足。

——蕾娜，41歲，多倫多

女同志以過程特殊聞名。這些莎孚（Sapphic，注，P36）姊妹們喜歡討論，以情緒處理任何事情，從什麼時候該合併銀行帳戶、租車、對最近熱門電影的影響、到昨夜纏綿的感覺。她們超愛講話，一直說說說，說個不停。有時候，非把每件事情講到一清二楚不可。至少她們的刻板印象是這樣的，在某個程度上這話並沒錯。但是別忘了，刻板印象的缺點就是把人「定型化」，任何事情總有例外。如果女人普遍比較愛講話，那麼兩個女人湊在一起必然會有更多討論、溝通與「口對口運動」（女同志知道的口交方法不只一種！）。這是好事，因為很多人不交談——至少不懂得如何有效交談。

親愛的，靠過來
你最重要的性器官不在兩腿之間，而是在你的頭腦裡。

溝通，哎呀……這是你購買本書的原因嗎？如果你準備跳過這一章直接看香豔的重點，千萬不要！如果你不知何故厭惡溝通，這正是你必須讀下去的原因。急於學習更好的性愛溝通方式的男人，才值得驕傲。溝通是找出伴侶喜好的最佳方法，重要性

不可言喻。可以確定的是：溝通對大多數人並不容易，需要努力練習才能熟練，而女同志在這個領域絕對有東西可以分享。

當情侶發生爭吵，溝通管道關閉，性愛品質必然受連累。開始發現兩人關係發生問題的場合，通常就是你的伴侶在床上顯得心不在焉的時候。性愛溝通是一件複雜的事，有很多層面、很多種意義，說穿了就像是剝洋蔥的過程：我剝開一層給你看，你剝開一層給我看。好奇心與信任感結合，才會帶來健康的性慾與熱情。

——李，54歲，伊利諾州北溪鎮

　　沒有人敢說這很容易。一點也不。在戀情中討論對錯的問題，尤其是關於性愛，總是非常棘手。即使談論自己的喜好與慾求就已經夠難了，畢竟我們不是那麼擅長談論此道，可能會引發困窘或罪惡感等等情緒，造成更多壓力。但是一旦打破僵局，後面就容易多了。

性愛用語：好話？壞話？

我不知道如何談論性愛。我覺得說出「屄」「B」「乳頭」「屌」這些話很粗魯，說「陰道」「陰蒂」「乳房」「陰莖」又覺得很彆扭、僵硬。

——丹，28歲，亞特蘭大

每次談到女性的外表，我都覺得自己像隻沙豬。以任何方式物化女性會令我有罪惡感。那我該怎麼談論性愛呢？我甚至不覺得我有權談論女性，至少在女性面前不行，我怕她會給我貼標籤什麼的，因此我只能保持沉默。

——吉姆，23歲，舊金山

討論性愛很難，真的很難，措辭動輒得咎。性愛用語讓我們感到羞愧、污穢、有罪惡感；也可以使我們興奮，幫我們觸及自身的性慾與身體。我們的社會對性愛與身體一直有矛盾的態度。大多數跟性愛有關的字被貶成「髒字」，或者帶有負面含意。性愛字彙，特別是跟性器官、性行為有關的，「通常」都是罵人的話。現在該是「異常」一下，正面使用這些字眼的時候了。用來罵人的事情卻帶給我們許多愉悅，實在是奇怪的諷刺。

形容一個人軟弱膽怯，我們說他是pussy；形容顧人怨的傢伙，我們說他是dick或asshole。生氣的時候，我們說fuck you或cocksucker，還有一句常用的辱罵語是suck my dick。正因為這些字帶有太多負面含意，有時候很難以純粹的喜悅與驕傲去做這些動作。即使我們自認能夠超脫字面束縛，負面含意仍然殘留在潛意識之中，所以我們需要努力掃除潛意識的障礙。

性愛溝通的第一步就是把字彙的負面屬性去除，賦予積極正面的意義，重新掌握性愛語言的使用權，就像男同志使用queer、dyke、fag這些字一樣。當然，圈外人使用這些字眼的時候，意義是很不同的。我們必須收回語言，視之為溝通的正面來源，而不是製造羞恥、罵人的工具。當你開始談論性愛，使用這些敏感字彙可能讓你覺得彆扭害羞，只要重複練習，保持正確心態，言語中先天的愉悅、激情與力量就會散發出來。

你會發現許多女性朋友甚至不知道如何稱呼自己的性器官。很多女性還沒找到自己習慣的措辭，通常是因為她們對自己的生殖器感到不自在，就這麼簡單。所以對每個性伴侶都要下工夫，找出雙方都能接受的字彙。

親愛的，靠過來
每次換一個新情侶，就要創造一套新的詞彙。你必須找出讓雙方都放得開、會興奮的方法來談論愛與性。

為什麼非談不可？

我們做愛的時候，我第一次開口說出我的需要——我要她進入我。現在我覺得脫胎換骨，性生活不再一片死寂。

——蜜雪兒，30歲，紐約

做愛後分享性幻想是個彼此了解的好方法，這時候的感覺最親密、最開放。

——阿里，27歲，塔斯坎

　　如果你覺得談論性愛是一項干擾，會破壞氣氛、破壞心情、不性感，把這些觀念扔進垃圾桶吧！跟某人脫光衣服之前談論性愛，可以是最熱情的前奏、最佳前戲，也可以確保你們能擁有彼此滿意的性體驗。

　　性愛不一定完美，但是與伴侶分享你的好惡、嘗試與極限，至少會讓你們有地方下手，避免笨拙摸索、啞口無言、缺乏心靈溝通。我們寫作過程中訪問到的人，幾乎百分之百都同意這一點。

　　另一件明顯的事情是——人們必須在性愛溝通上多下點功夫。不只男人，女人也是，不過男人似乎需要一點額外動力。有位女士老實地說：「男人的溝通能力太差了。」不過，我們看到社會上有許多溝通大師還是男性，所以請繼續努力——這會是一大福音。

　　至於在這個領域仍需努力的人呢，咱們繼續談正事。

親愛的，靠過來

溝通是美好性愛的關鍵，這道理就像大掃除之後的玻璃窗一樣清楚！你必須努力學習，才能成為一個好情人。

溝通提示

　　性愛溝通的具體做法是怎樣呢？尤其是從未做過的話？菜鳥注意，對伴侶要誠實。告訴她談論性愛對你來說很困難但是很重要，你願意嘗試。一定要打破隔閡，一旦成功了，就不容易退步。如果你的戀情以開放體貼的溝通開始，很可能維持這個好習慣到底。一開始不溝通，半路才磨合就困難多了。展開一件新事物，一開頭就要正確定調。

如果男人對自己有足夠的安全感，能夠開口問我喜不喜歡他們做的事、我的癖好、喜歡什麼等等，那就好了。可能這種對話會導致負面的批評，沒有人想在床上爭執這些事，所以他們乾脆關閉溝通管道。

——瑪莉莎，30歲，加州季諾丘

我實話實說，講得很仔細。我告訴伴侶我喜歡什麼、討厭什麼、「我們」如何做得更好。說「我們」如何解決問題很重要，尤其是性問題，這樣才能把壓力解除。

——莉賽特，24歲，紐約

　　與伴侶開啓對話，討論如何在性方面取悅她，你不僅會立刻成為好情人，也表示你很重視她的愉悅，這正是大多數女人所關注的。

談論性愛的守則

- 用溫和的方式。討論這麼敏感與私密的話題時，大多數人是很脆弱的。
- 鼓勵伴侶說出喜好。很多人，尤其女人，不習慣表達他們要什麼、喜歡什麼，需要外力幫他們克服害羞。

- **不要在性愛中或完事後立刻討論性問題**。在一個非性慾的環境中討論才是最好的，例如用餐時，這樣比較不具威脅性，兩個人都比較自在一點。
- **選擇適當的時機提出話題**。在雙方都有時間深入討論時再提起，如果她半小時後要趕個約會，那就先別說了。明知對方無法講完卻提出重大議題，是不公平的。
- **對話的目的是為了尋求解決方法**。如果你隨時把目標放在心上，態度就不會偏差，避免走入負面、責難的方向。
- **積極聆聽**。這可不像表面上那麼簡單。積極聆聽表示要有所反應但不打岔，有眼神接觸，反映出你聽到什麼，而不是想著待會兒怎麼回嘴。退一步回想她說的話，這很重要。你也會希望對方這麼對待你。記住，我們長兩隻耳朵一張嘴是有道理的！
- **用第一人稱敘述**。例如「妳沉默不肯說出喜歡什麼，我很失望。」「我的需要無法滿足，我想要跟妳談這件事。」，用第一人稱表示你為自己的感受與行為負責。
- **避免指責**。不要說「妳惹我生氣，所以我要跟妳算帳。」不妨換個方式：「你不跟我做愛，又不肯談，這讓我很氣惱。妳可不可以告訴我出了什麼問題，我們才能設法解決？」用第一人稱，然後明確指出你需要對方的回應。
- **不要用貶抑詞**。例如提起「妳幫我口交時我從來沒爽過。」談論情慾的時候，貶抑詞給對方的傷害很大，可能影響她對你的信任感。
- **避免跟舊情人比較**。例如「我的前任女友吹簫功夫比妳厲害多了。」這種事。
- **確認你聽懂她的話了**。有時候說出口的話跟別人聽進去的是兩回事。再引述一遍她的話，可以避免誤解：「你剛才說，我只有喝醉的時候才想跟你做愛，所以你很生氣。」然後，她可以讓你知道這是否是她的原意，或者重新釐清，講得更清楚一

點。如果雙方都積極聆聽、彼此反映，可以避免95%的誤會。

- **後續追蹤**。討論性議題之後，找時間回想談話內容，開始行動，經過一段時間之後，問她現在覺得怎樣，有什麼改進，還缺少什麼，需要進一步討論或注意。不要隔太久才想到要後續追蹤。

- **記住外力可能影響你們的性生活**。如果兩人都把自己的問題帶進臥室，會影響到臥室裡發生的事。例如，你的伴侶不喜歡自己的身體，她可能在性愛中受拘束，因而逃避某些行為或體位。這跟你無關，但是看起來似乎是你的錯，你很難不介意。所以要試著找出問題真正的根源。

聆聽

男士們，你們面對的挑戰可不小。即使是「最敏感的男士」也常常出錯。很多女性抱怨，當她們真正想了解你與你的真正感受時，你們卻常閉嘴不說，也不肯表達自己的想法。

加把勁學習聆聽吧——對自己、對自己的身體；對伴侶、與對伴侶的身體，傾聽你們之間的互動與創造出來的性能量。做得到的話，你就威風了。

與伴侶溝通……逐漸認識一個人，談論性滿足的時候容易造成的尷尬與傷害……沒有這些就沒有真正的滿足。互相手淫與強烈的親密感差別就在這裡……一切都從發問、解答開始……一開始可以很純真地發問，你初吻是什麼情形……讓他了解你想要先觸摸到你的第一次……感覺你想要打破成規……而你的伴侶會覺得受到重視，你確實在與她做愛。

——珍寧，50歲，紐約

聽起來很簡單嗎？就這麼簡單，但是不容易做到。學習自我

調適、聆聽、發問、等待答案，是性滿足與親密關係中最關鍵的事，就是這樣。有很多女人也該學習聆聽與調適，但是整體而言，女人才是經常被沈默對待或對自己保持沉默的一方，她們也必須反觀自己——聆聽自己、滿足自己，找到內在的調適後，才能張開雙臂擔任愛人的情緒容器。請記住談話是一條雙向道。

討論安全性行為

我一定會在性愛之前和伴侶先談論過。一開始就明白和對方交涉進退並不容易，但是可以說清楚我的需求與界線。如果做不到這點，我就不確定還要不要跟這個人做愛了。

——茉莉亞，22歲，紐約州西卻斯特郡

許多人不喜歡提起有關安全性行為的話題，但是這一定要攤開來談。人們面對新情人總是充滿焦慮。「他肯不肯戴套子？」「她會不會要求我戴套子？」「如果我要求她在口交時做好保護措施，她會怎麼說？」「我怕得性病，該怎麼確定她是安全的？」「我不想懷孕，但是我們從來沒談過避孕的事。」

這些焦慮都是性愉悅的扣分。如果你與伴侶滿腦子想著安全性問題，會讓你們分心，不能盡興。因為你們心不在焉，無法全神貫注。性愛前對伴侶提起安全措施或許並不容易，但是有很多正面效果。因為一開始就溝通無阻，並開始建立互信，會讓你們在積極的溝通基礎上盡歡。無論期間長短、方式如何，有溝通的戀情總是比較豐富。通常人們會沿用一開始交往時的互動模式，一旦固定之後，就很難改變了。如果你們開始公開溝通關於期望、安全與個人性愛史，就更容易繼續討論這些重要話題。

提出安全性愛議題的時候，最好先確定自己能接受、不能接受的界線在哪裡。有清楚的界線，才能表達出來，讓伴侶尊重你的意願。如果你還沒想過這個問題，現在就開始想吧！

該與伴侶討論的事

- 什麼時候使用防護措施（保險套、手套、口腔護膜等等）？全程使用或只限於某些姿勢？你不想冒什麼風險？

- **你想採用的避孕方法，以及配套措施。** 除了用保險套以外，男人通常不太介入避孕的相關議題。保險套是唯一可以避免意外受孕並防止傳染性病（STIs，sexually transmissible infections）的方法。如果女方也有採用其他避孕措施，問清楚，把它當成你的責任。男性關心生育保健議題是很重要的。

- **是否帶有HIV愛滋病毒以及最近的檢驗情形。** 你也必須和伴侶討論最近一次未使用防護措施的性行為是什麼情形。如果有過未防護（未使用保險套或其他阻隔物）的口交、肛交、一般性交，又未做HIV檢查，你可能是危險群，而你的性伴侶有權知道這些事，以便決定該如何自我保護。

- **公開性愛史，包括最近的性伴侶，你曾經冒過什麼險，是否得過性病。** 誠實說出自己的性愛史，並不是叫你把所有細節通通招出來，但是應該告知對方其中關鍵的部分，她也應該告訴你。情侶的性生活不是從認識對方才開始的，每個人都有過去，但是敢作就要敢當。

- **如果你們其中一人有性病（例如皰疹、人類乳突病毒HPV（注，P36）、愛滋病毒HIV），要採用什麼措施？如何保護自己？** 承認自己得性病很困難，因為會被烙上污點。但是得過性病並不等於你是個不負責任的人，倒楣事總會發生。如果你有病卻不告訴伴侶，害她陪你倒楣，那才是真正的不負責任。

- **最近是否有其他性伴侶，他們可能帶有什麼風險？** 再強調一次，要誠實。這不表示你要公布性關係中親密行為的每個細節，但是每個人都應該知道發生了什麼事，會涉及什麼風險。

- **對彼此的期望。** 說清楚你想要什麼、忌諱什麼，希望受到怎樣的尊重。

安全性行為是個難以啓齒的問題，但是別讓恐懼或尷尬嚇得你不敢開口，開誠布公對兩人都會放心得多。就長遠來說也是值得的，你和伴侶會得到保障。而且討論安全性行為的細節，也可能是很有趣的前戲。可以在對話中更加了解你的伴侶，性愛會變得更愉悅。你們都明白界限在哪裡，希望彼此得到什麼，不必浪費時間擔心對方或是意外懷孕，反而更能夠專注於雙方的身體與歡愉。

性慾檢測

你與伴侶可以做一個簡單的小活動，促進彼此了解。就當作是性愛的「自我介紹」。你們只需要準備兩張紙、兩支筆，分別寫下下列問題的答案，然後互相交換答案卷。

1. 我喜歡或想要嘗試的性行為是——
2. 我不喜歡或沒興趣的性行為是——
3. 我不熟悉的灰色地帶，但想要一探究竟的性行為是——

分享並比較你們的答案，誠實地討論彼此的底限，這樣就知道各自喜歡／不喜歡的東西，以及有哪些領域可以一起探索。討論這三個簡單的問題，可以知道一大堆事情，藉以推展你們的性生活。對於有興趣開始探索S/M領域的人，這也是實用的熱身，我們稍後再討論這個話題。

坦誠相見

我害怕公開自己的感情，因為怕被嘲笑或誤解，也怕傷了伴侶的感情。

——茱蒂，20歲，康乃迪克州史坦佛

我想女人（至少大多數女人）比男人容易把性愛放在精神層面。它的意義非凡，是一種人際關係。

——克莉絲，31歲，紐約

親愛的，靠過來
想學習取悅女人，就要用多種方式與她互動，把她當作一個完整的人。你必須打開心防，讓她進來。

建立信任感

首要之務是與他人建立互信。如果你不信任對方，就不可能享有美好的性生活。

——湯妮雅，26歲，德州布萊恩市

　　要開放地討論感情之前，不能不討論信任的概念。我們釋放情緒的能力取決於我們對自己與身邊親友的信任程度。如果女人在情緒上、心理上與肉體上缺乏安全感，怎麼可能開放？信任是安全感的必要成分之一。

　　建立信任感從語言上的聯繫開始。這也是女同志取得領先的範疇，即使她們可能一輩子都滔滔不絕，但思考過程需要密集溝

通，這可以建立信任感，讓情侶們開始看到對方的更多層面，感到足以放鬆的安全感，體驗更多快樂。

我最棒的一次性經驗是與好朋友做，感覺美好的理由不只是他的性能力，也包括我們長久以來建立的高度信任感。我可以跟他做一些沒跟別人做過的事，因為我知道我們做完之後，無論過程美好與否，他也不會離開我，依然在情感上支持著我。我想信任感真的是美好性愛的一部分。

——薇拉倫，南卡羅萊納州克雷遜

有誠實的溝通，就能建立信任感。女人有了信任感，就能放得開。放得開，才能夠擺脫阻礙，全神貫注。專注與開放時，她才能夠接受強烈的性高潮。如果你的伴侶無法達到高潮，問題可能出在你們之間的信任感與聯繫不足。

當然事情不一定如此。有時候高潮純粹是肉體方面，效果也很不錯；有時候高潮則需要與情人有更高層次的互動與了解。但是到頭來，要有真正的信任感，必須以實際行動支持言語。說到就要做到！

肉體的結合的確很棒，但是身心合一的性愛感覺更激情，因為雙方都更熱中於取悅對方。我也認為，當你與某人有情感上的關係，更能拋開壓抑，一起嘗試新的事物。

——艾美，26歲，加州普里桑頓

女人都希望伴侶是與她們的整個人做愛，而不僅是與生殖器結合。女人的生殖器跟心情與意志息息相關。有位女性說過：「事前、中間與事後都要與我的心靈做愛！」大多數女人希望她們的性經驗能連結其肉體、意志與內心。

親愛的，靠過來！

如果說男人想要深入女人的身體，女人則是想要深入住在
這副身體裡的人的心思。這就是為什麼女人得以進入另一
個女人身體時，會特別激情的原因之一，因為深入觸及到
彼此的內在。對於肉體的參透也可以是情感上的洞悉，在
你觸及完整的女人時，引領你到更深層的意義上。

性愛與情緒釋放

在性愛中，引發的情緒反應經常與檯面下的情感融合，因為
女性的生殖器受刺激時，她的感情與心理都會受影響。人們往往
並不很清楚性行為中發生的情緒面的事。你的愛人在性愛中的情
緒反應，可能雙方都無法立即理解。這些情緒會以各種方式呈
現。例如，女性有時在性行為中哭泣，不是因為憂傷，而是因為
感覺到強烈的情感宣洩。性愛讓人們在許多方面發洩情緒。

我發現唯一能使我真正敞開心胸與伴侶談話的時候，是性愛中與
完事後。我想是性愛使我開放，以其他時候不會發生的神祕方式
與人發生聯繫。我學著珍惜這一點，但我也知道這使我脆弱，因
此我不能與沒有穩固信任感的人做愛。如果我對與某人分享感覺
沒有信心，就無法與他們做愛！

——珍娜，28歲，加州富樂頓

性愛使人哭笑無常。笑是另一個重要、有力的情緒出口。當
你感到喜悅、愛、幸福與極樂時，有人或許會流淚，不由自主地
傻笑或大笑，或盯著愛人的眼睛發呆，分享甜蜜的感情。這都是
對性愛所引發的情緒的直接反應。

情感洪水

　　雖然悲傷、憤怒、羞辱等等黑暗面的情緒蟄伏在檯面下，還是有可能釋放出來。如果女性感到憤怒，也許會把她的指甲招進你的皮膚、做愛突然變得粗魯用力、啜泣或是完全崩潰，這都是宣洩方式。記住，性愛是最佳的情緒出口之一，所以在性接觸中感覺需要發洩時就盡情發洩。能夠排除體內與生活中的緊張是很健康的！

　　如果你的伴侶在性愛中有這種反應，你又一頭霧水，可能會覺得困惑甚至害怕。發生這種事，先停止你的一切動作，向伴侶解釋你感到她的憤怒或悲傷，談談這是怎麼回事。看她是否需要時間獨處。或許她需要安靜一下，也可能需要大吼、尖叫、發洩出來。

　　如果我們夠開放，生殖器的接觸也是心靈的接觸。女性通常在情緒上比較開放、明顯，因為文化背景允許她們情緒化，不像大部分男人那樣壓抑。女人可以感受情緒並表達出來，可以哭，可以哀嘆，可以解脫並釋放出來。並非所有女人皆如此，但是女同志性愛可能因此更加親密。

　　性愛對男女雙方都可以只是肉體層面。光是做愛也能非常愉快——深入動物本能與需求，享受身體的強烈拍打、抽送、吸吮、搖擺與騎乘。然而身心的完整結合，一樣是盡情享樂，性體驗卻更加豐富。如果你天生缺少對自然需求的感受能力，體會愉悅的能力將有直接影響，也關係到你取悅伴侶的能力。

基本上我想，是情緒與心理的表現造就了一個好情人。這跟「技巧」並沒有太大的關係。如果一個情人真的專注與開放，自然能從對方那裏接收暗示，應用到做愛之中。

　　　　　　　　　　　　　——莎拉，34歲，康乃迪克州紐海文

完整女人的性

性愛不僅是一件事，而是涉及所有的事。所以它才這麼複雜、困難又令人滿足。重要的不只是高潮，不只是陰莖插入陰道，也無法精確地分類。性愛涉及整個人：肉體、意志與精神，一點也不簡單。

美好性愛的基礎是溝通、信任、完全地開放自己。如果女人讓你感到困惑，你更應該開始深入了解她們。

注：Sapphic：Sappho的形容詞，Sappho是希臘女詩人的名字（常見的中譯詞為莎孚或莎芙），居住愛琴海的Lesbos島上（女同志Lesbian（蕾絲邊）一詞也是由此而來），在西元前六百年前，莎孚在這個島上舉行女詩人同歡會，並建立學園，她的詩作多是描述女人間的愛情。

注：HPV（human papillomavirus）：又稱為人類乳突病毒，是一種非常微小的DNA病毒。目前發現的HPV共有一百餘種基因型，其中有三十幾型專門感染下生殖道系統。每一種基因型HPV對人體的傷害程度不同，較輕微的可能導致菜花等性傳染病，嚴重的則可能引發子宮頸癌病變。

第二章　慾望地圖：女性的機制

How Women Work

女性生殖器：知己知彼

我喜歡跟女人之間的互惠關係，了解另一副身體就像自己的一樣，帶來一種親密感。

——蘿拉，22歲，密西根州

大多數男人討厭承認他們不懂某些事，尤其是關於性愛的事。好吧，或許你們當中真的有些超級專家，清楚女人身體的每一吋構造，那就當作複習吧！其餘的人，如果想要在床上取悅女人，就必須了解她身體的每個部分。女同志在這方面有明顯的優勢，因為這些構造她們也有。

大多數人或許還記得某些書裡關於女體的圖畫或照片，但總是和身旁的伴侶有些差異。很少人上過人體解剖課程，可以解析身體的構造，或參加以伴侶為研究對象的講習，由旁人指點你充分了解彼此。所以對大多數人而言，女性身體還是充滿了神祕。

對新手來說，要明白每個女人都不相同。女性的陰戶有各種尺寸、形狀與顏色。所以針對於每個新情人，都必須像新手上路一樣找出自己的方向！

我愛我的陰戶，我們的關係良好。我從幼年就感受到它存在而且充滿好奇。我們一起探索，互相尊重。我從未對它發生負面情緒，無論外觀、氣味或觸感。我關心它的健康，定期做婦科檢查。我們彼此照顧。

——莫琳，41歲，布魯克林

展開身體之旅以前，先強調本章的重點，不在於把各部位的正式名稱、寫法塞進你的腦子裡，也不是教你考試拿滿分，而是

獲得實用的女體知識，讓你更能取悅她們。你所得到的重要收穫是——以新方式看待女性性器官，尊重它的力量，重新認識陰蒂，還有處理它的新招式。現在就沿著她的愉悅之路前進吧！

陰戶：外部性器官

陰毛保護著整個陰戶。陰戶是指當你的女友向你張開雙腿時，你能夠看得到的部分。「陰戶」（vulva）泛指女性外露的性器官，包括恥丘（陰毛部位隆起的一小塊肌肉）、大陰唇、小陰唇、陰蒂的外端、尿道口、陰道口。大多數人以「陰道」稱呼女性生殖器，其實陰道只是女性的內部生殖器官，一個具體的通道。另外還涉及許多其他部位，但是大多以「陰戶」概括。

陰蒂：不只是顆小豆子

好，所有男人都想了解陰蒂（clitoris），俗稱的「神奇按鈕」。如何找到它？如何碰觸它？如何用它幫女人達到高潮？為了讓它威力全開，你必須從基礎了解這個神奇器官，抱持正確的態度。陰蒂就像陰莖一樣，有不同的尺寸與形狀，而且不只是為了好看而已。

親愛的，靠過來
別再以為陰蒂只是顆突起的小豆子。它也不是發射核子飛彈時的按鈕，按下去就可以觀賞精采的大爆炸。它其實是勃起組織、海綿組織、肌肉、神經末梢、血管與柱頭構成的整個系統。

陰蒂是人類體內唯一純粹以性快感為目的的器官。陰蒂就像你的陰莖，有非常敏感的前端，喜歡被觸摸的軀幹，還有興奮時

會膨脹伸展的根部。女性生殖器在許多方面跟男性相似，一面參考自己的器官或許比較容易瞭解。

朝聖之旅

我們從地圖的北方出發，就是肚臍開始，直接往南走。或許她身上有條指引你路線的小徑。首先會抵達陰毛區。

女人用各種方式處理陰毛：保持自然，毛茸茸一大叢；或是沿著骨盆修剪整齊、剃成特定圖案、剃到只剩上面一小撮；或是像女童一樣剃得乾乾淨淨。

陰蒂柱／陰蒂中央

進入陰毛區之後，在陰戶的北方（上方）是陰蒂中央區（clitoris central）。陰蒂裡裡外外有許多部分。往南走，會先來到陰蒂柱（clitoral shaft）。

這個柱體附著在陰蒂頭上，就像男性陰莖接在龜頭上。許多女性的陰蒂柱從皮膚下突起，像是土壤裡的樹根。有人很顯眼，也有人比較隱晦平坦。但是它一定在那兒，等著被觸摸。通常陰蒂上面沒有毛，沒有毛髮的皮膚會比有毛囊的皮膚更敏感。記住這一點。

如果用一根手指左右滑過根柱處，你會發現柱體稍微反彈，跟橡皮筋一樣。有韌帶把陰蒂拉回固定的位置，還有大動脈與微血管，讓血液進出陰戶區域。

親愛的，靠過來

許多女性比較喜歡刺激陰蒂柱，而非柱頭。柱頭本身通常太敏感，摩擦柱體才是間接刺激柱頭的方式。被觸摸時真的很舒服！有時候先刺激柱體，等女性更興奮時，再觸摸柱頭也不錯。

陰蒂頭與外皮

男性陰莖上的龜頭，是最敏感的部分。陰蒂也是一樣。提起陰蒂，人們想到的就是陰蒂頭（clitoras glans）。因為它太敏感，所以有一層外皮（hood）保護——包圍它的一層皮膚，看起來像是小頭上戴著一頂小兜帽。

手指沿著陰蒂柱向南，就會碰到陰蒂外皮，皮下面就是陰蒂頭，光滑圓球狀的勃起組織。對，我剛說勃起，女人也會勃起！陰蒂勃起時，陰蒂頭就會突出。陰蒂頭是人類身上神經末梢最多的器官。（以男人為例，如果你沒割包皮，你的包皮就像女生的陰蒂外皮。如果你割掉了，龜頭就裸露出來，可能會因為長久摩擦變得比較遲鈍。）陰蒂外露的部分構成陰戶的上部。

小陰唇

你會發現在陰蒂頭或外皮下方有兩片小陰唇（inner lips）緊貼著，左右各一。它們有各種美麗的形狀、大小與色澤。某些像天使的翅膀，某些像花瓣，有的豐滿，有的輕薄；有些互相覆蓋，保護著陰道口；有些比較小，很容易張開；有些看起來像絲絨布料；有的對稱，有的不是。但是全都光禿無毛，大多數還很敏感。

當你刺激女人的小陰唇，也等於間接刺激陰蒂，因為它們是連在一起的。有些人把它視為整個陰蒂器官的一部分，因為它們分不開，任何部位都不能孤立。女人興奮時，她的小陰唇（與大陰唇）會充血，變得肥厚，顏色也會因為血液變成暗紅或褐色。

陰道口

手指沿著小陰唇的邊緣滑動，它可能延伸到陰戶的最下端，或只有一半到3/4的長度。打開它，裡面是更濕潤敏感的組織。在中央到底端某個位置，你會發現陰道口（vaginal opening）。這個

開口的外觀同樣因人而異，端看處女膜組織如何發育或癒合（如果還在的話）。某些洞口非常簡單，某些像玫瑰花苞一樣有皺摺，某些兩側有唇，某些像嘴巴，渴望著被餵食，定期用可口健康的食物餵它，它就會好好回報你。

記住，女性陰道外端約1/3處是最敏感的部分。陰道的括約肌就在陰道口，敏感又有力，可以強烈收縮聚合，也可以像翅膀一樣張開。

尿道口

尿道口（urethral opening）同樣在小陰唇內，陰蒂跟陰道口之間某處。這是女性排尿的地方，可能很高、接近陰蒂；或很低、接近陰道。某些尿道口很小，像針孔大小，甚至肉眼看不見；某些比較明顯，周圍有皮膚皺摺，比較容易發現。女性的射潮來自兩個細小導管（近尿道導管），位於尿道口兩側。

大陰唇

敏感組織多半長在大陰唇（labia，或稱外陰唇outer lips）之中。大陰唇有陰毛，同樣很敏感，不過比其他部位稍遲鈍些，但這不表示你可以忽略它。大陰唇像是男人的陰囊（從子宮組織發育形成），你知道你的袋袋跟蛋蛋也喜歡被吻、被舔、被撫摸！

許多人聽過 labia minora 與 labia majora 這些晦澀難記的拉丁詞彙。這兩個詞的字面意思是「小唇」與「大唇」，不過與事實有些出入，也跟解剖學教科書裡的圖畫不同，女人的陰唇（以及所有生殖系統）外觀有很大的差異。某些女人的小陰唇較大、較顯眼，甚至超過大陰唇！大陰唇或許肥滿圓潤，或許肌肉少而細薄，但某些女人的小陰唇突出大陰唇之外，較肥厚，有多層皺摺。所以稱之為內陰唇與外陰唇就精確多了，因為憑大小跟形狀不能算數。

大多數教科書裡對陰唇的描述是對稱、簡單、細小，因此造成許多女性對自己性器官的羞恥、不悅或厭惡感。

很多女人——尤其是很少看到其他女人陰戶的異性戀女人——不知道女人的生殖器就像臉孔一樣千變萬化（女同志自然而然就懂了）。有些女人一輩子認為自己有問題，只因為她們的性器官跟書上講的不一樣。

我第一次看到別人的陰部，是跟朋友作裸體日光浴的時候。她的東西全都垂下來了，我的都在體內。她跟我看起來完全不同。

——瑞秋，28歲，紐約州長島

往裡面走！

討論了陰戶朝聖之旅所看到的全部景觀，現在要探索的是你看不到的隱藏寶藏——讓女性生殖器之所以顯得神祕的部位。

陰蒂腿

好，回到陰蒂中央區，看陰蒂柱。柱下有兩條陰蒂腿（clitoral legs），以倒V字型向兩側伸展。它在大陰唇下方往左右長，這對隱藏的陰蒂根部由勃起組織構成，女性興奮的時候會充血，充血時會突起伸展，使大陰唇變肥厚。

陰道

我們先破除一些關於陰道（vagina）的迷思。首先，它不是張開的大洞，也不是被動的器官，只能等著你的器官塞進去。差遠了！陰道像是崩潰的宇宙空間，有東西插入、覺得興奮時會不斷脹縮。你曾經在進入女性體內時被她用力一夾嗎？如果有，你

就能感受陰道肌肉的強烈擁抱。

　　陰道在裡面，肛門與直腸在後面，尿道與膀胱在前面。膀胱位於陰道上方，因此如果女人有尿意，陰莖插入可能造成不適。膀胱是很容易受刺激的。

　　陰道後面是子宮頸，子宮頸的觸感有點像鼻尖，是通往子宮的通道。陰道有皺紋，女人興奮時它會擴張。子宮頸與子宮則是向後向上縮，使陰道延長1-3吋。陰道後端像吹脹的汽球，撐出較多的空間。

　有些男人懂，有些不懂。我想有些男人從來沒有花時間去了解整個陰道的構造。了解的人，通常表現優異或能夠受指引（也願意接受指引），而有較佳的表現。

*　　　　　　　　　　——摩根，30歲，加州貝蒙特海灘*

G點

　　G點，又稱尿道海綿體（urethral sponge），偶爾會成為異性戀男女困惑的焦點。基本上，女同志比較喜歡刺激G點，原委如下：

　　G點不是深藏在陰道某個角落或裂縫的失落寶藏。你不必招兵買馬大費周章去找它。大多數女人的G點在陰道前壁，距陰道口1-2吋，有些甚至就在陰道口旁邊。

　　事情是這樣的。G點其實是女人的尿道海綿體。男人對自己的尿道海綿體應該很熟悉，就是陰莖裡包圍著尿道的海綿組織。興奮時它會充血而勃起，同時閉鎖尿道使你無法排尿。女生也有同樣的機制。由她的尿道沿著陰道上面走，也有一圈尿道海綿體保護著。這個海綿體觸及陰道的區域，就被稱為G點。（為了紀念「發現」它的恩尼斯葛拉芬堡博士Dr. Ernest Grafenberg）

如何找到G點

　　把食指伸入陰道裡，以「過來這裡」的手勢往自己的方向勾，應該可以感覺到她的G點。它的觸感與陰道壁其他地方都不同，通常有點突起，感覺有些蓬鬆。它的大小因人而異，造成的快感強弱也不一致。某些女人很喜歡刺激它，某些女人有沒有都無所謂，某些女人甚至討厭玩弄那個地方。所有女人的快感帶都不同，但它是個「深具潛力」的快感區，值得喜歡陰道插入的女性探索一番。

親愛的，靠過來

某些插入陰道的方式特別容易刺激G點。這時候手指通常比陰莖好用，因為手指可以轉彎，有效刺激陰道前壁。性交時，後方插入（小狗體位）效果也不錯，因為這時陰莖的角度容易觸及陰道前壁。還有專門用來刺激G點的彎曲玩具呢！

出名的肛門

　　如果你往陰戶南方走，在陰戶與肛門（anus）之間有個熱門景點叫做會陰（perineum）。男人在陰囊與肛門之間也有同樣的東西。這裡也是撫摸、舔舐、刺激的重點。肛門就在後面，兩片臀部分開的地方。很多男人都有進錯洞的困窘經驗，所以要認清位置，瞄準一點。如果肛門就是你們的目標，那也好。萬一不是，女生的臉色可就不好看了。

　　肛門也有變化，所以要用鏡子看清楚你自己與伴侶的。肛門是通往肛道的皺摺入口，約1-2吋長，然後連接直腸。大多數人的肛門周圍有毛，多寡因各人體毛濃密程度而異。

肛門與肛道都是性感帶，也是許多男女歡愉開心的來源，在興奮狀態中也會充血。

如果你們喜歡走後門，熟悉你自己與伴侶的肛門區域可以幫忙克服恐懼感。如果不愛這一套，那也是你的權利。不過只要你敢，加上你們都知道怎麼做，這個地方可是好玩得很哪！肛門組織也非常敏感，必須小心對待。在後面「進出之間」的「肛門雙人組」章節還有更多關於肛門的提示。

肌肉鍛鍊

男人和女人的骨盆都有複雜的肌肉系統，包括骨盆底肌肉與上面的恥尾肌（pubococcygeus muscle）。這塊大肌肉簡稱PC，收縮時可讓會陰與陰道緊縮。鍛鍊PC可以提昇性快感，男人還可以延遲射精。在下一段裡，我們就要探討如何鍛鍊你的PC。

女性的潤滑液

女性下體分泌液的成分與多寡隨時在變化，有些女人就是比別人多。大多數女性的分泌量取決於她的生理週期。在每個月的固定時候，視排卵與荷爾蒙功能而定，女人會分泌較多或較少的獨門潤滑液。

親愛的，靠過來
別把女性的濕潤程度視為興奮度的唯一指標。她可能感覺不濕，但是非常喜歡你的表現。她也可能濕得一塌糊塗，原因卻與你完全無關！可能是她一小時前看過的電影或某些性幻想，或只是生理週期到了。

有時候你讓她興奮，她會很快有溼熱高漲的反應。這很好。只是別把她的濕潤程度視為興奮度的唯一指標，或逼她為你再變濕一點。女同志有時候會這樣強迫對方，覺得對方的濕潤度應該跟自己一樣。這可不是公平比賽。你要知道，每個伴侶都是獨一無二的個體，會根據自己的週期而變化。如果她的骨盆肌肉不強，可能影響陰道濕潤的速度——肌肉越強，越能產生潤滑液。有需要就使用人工潤滑劑，別想太多。

欣賞陰戶

這是你通往某些未知領域的道路指南，你可以盡情探索每個伴侶壯麗的陰戶景觀。它們各有各的美麗，每一個都有獨特的快感能量。如果你不太了解或是害怕女性生殖器，幫自己個忙，看看下列資料或是其他出版品。你越常接觸女性生殖器，越能擺脫陌生神祕的感覺。

接下來我們要教你一些認識女生的性器官的方法。記住，我們都希望別人喜愛我們的性器官，所以讚美很有用。生殖器是我們最私密、神聖的部位。學著欣賞陰戶，你會得到熱烈的回報。告訴她你認為她有多麼美麗吧！

 關於女性生殖器的參考資料

《*A New View of A Woman's Body*》／the Federation of Feminist Women's Health Centers編
收錄許多女性構造的細節與圖形，能引起你伸入探索意願的好書。

《*Femalia*》／Joani Blank著
收錄陰戶的照片。模特兒有不同的年齡、面貌與種族，她

們陰戶的形狀、大小、比例也各不相同。本書不是情色寫
真雜誌，但是會帶給你對女性生殖器的新認知。

《*Sex for One: The Joy of Self-Love*》／Betty Dodson著
貝蒂道森女士是性教育兼藝術工作者，光是她的陰戶寫生
畫（全部根據真人模特兒）就值回票價。書中塞滿了她對
女性的工作資訊，例如教導女性認識自己性器官，自慰與
如何達到高潮。

《*Viva La Vulva*》（video）／Betty Dodson著
性教育專家製作的女性生殖器介紹影片。傾聽女性談她們
的生殖器，在攝影機前展示各種形狀與尺寸，示範女性生
殖器按摩法，對男女觀眾都很有幫助。

《*Zen Pussy*》（video）／Annie Sprinkle與 Joseph
ramer著
獨一無二的影片，基本上是對著11個不同陰戶的冥想。解
除緊張的放鬆新方法。

《*Fire in the Valley：An Intimate Guide to Female Genital
Massage*》（video）／Annie Sprinkle與Joseph Kramer著
肯定陰戶的影片，對女性生殖器按摩法有徹底的指導與示
範。由性教育工作者Annie Sprinkle與Joseph Kramer主
持，討論陰戶的好處，鼓勵情侶們探索烈火之谷的威力。

隨波逐流大丈夫

如果女性的身體機制有什麼是被大多數男人誤解的，那就是月經。月經完全是自然的產物，許多男人卻害怕它或是感到不解。既然月經是你性生活的一部分，以下是一些入門認知，可以助你與它共處。

與女神做愛

想像在清晨的高原上，初昇的太陽把大地染成粉紅色。一群男女圍成圓圈，某些是青少年，還有母親懷裡的嬰兒與幼童。氣氛莊嚴又喜樂，是個神聖的場合。一名12、13歲的女孩由長輩帶領走進圈圈，首先以儀式的嚴肅方式介紹給在場所有人，接著是認識太陽。這是美洲原住民那瓦荷人（Navajo）慶祝少女初經的儀式，是人生最重要、最喜悅的儀式之一。整個部落與少女一起榮耀她的女性特質。

日出儀式不只象徵女人的初潮與擁有生育能力，也表示家人與同胞從此將以一種全新的敬意對待她。如果是在這樣的文化中長大，每個男性從小都會學到女性的月經是件特殊又神聖的事，而不是「詛咒」或缺陷。

身為男人，想像一下如果女性初經的血被收集起來當作餵養全族男女老幼的農作物肥料，而不是曖昧、討厭、骯髒甚至羞恥的東西，必須在文明社會中遮掩起來，你會怎麼想？兩者完全不同，不是嗎？

覺得不自在的通常不是男人，在美國文化裡，通常是女人自己覺得不自在，因為她們學會對自己的經血抱持負面態度。無論男女，對女性月經都有很多誤解、羞恥、緘默與恐懼。男人似乎特別

厭惡或害怕經血，或許因為他們對血液的認知與女性很不同。血液讓很多男人聯想到戰爭與痛苦，女人卻把它當成日常生活的一部分，身體的自然清理機制，每月一次的死亡與重生的循環。

經血很正常，它不污穢，也不代表戰爭與折磨。不過許多女性有嚴重的經痛與經前症候群（PMS, premenstrual syndrome），所以要善待她們！這可不是開玩笑的！

對很多女同志來說，月經只是小事一椿，她們早就看慣了自己與女伴的經血。其中很多人親身經歷過經前症候群，所以能體諒別人。許多異性戀婦女對經血的不適則是來自男伴的負面態度，無論是真的或是出於幻想。

月經來潮時

我在生理期中做愛一點也沒有問題。會有點麻煩，但不會讓我失去性致。如果我男友覺得它很髒，那才會掃興。

——雪莉，29歲，華盛頓特區

我不喜歡在生理期中做愛，因為會弄髒東西。我也覺得在生理期喪失大半性魅力，我想男人也不會喜歡在這時候做。

——茱蒂，21歲，麻州安赫斯特

生理期間做愛純粹是個人抉擇，對女同志也是如此，因為雙方對這件事都有長久而密切的認識。

我不太願意，但是受到一些鼓勵就可以克服。我會採取一些措施避免弄得一團髒，像是在床上鋪毛巾。

——佛萊契，52歲，維吉尼亞州夏洛特維爾

即使選擇在月事期間繼續性活動的人，也有他們的界線與忌諱。某些人接受陰道性交，但是拒絕手指與舌頭接觸；有人卻認為這是從事性行為的最佳時機。

在生理期做愛很有趣，有時候我的高潮會更強烈、更持久。

──潔絲敏，19歲，南卡州克萊森

當然，有些女人這時候身體特別敏感，甚至感覺不適。皮膚的觸覺變敏銳，陰道腫脹或缺乏分泌液。對她們來說，這時候最好追求心靈契合，擁抱、輕鬆洗個澡，或愛撫即可。

但是別認為你的伴侶不會喜歡經期性愛，或許只因為你們從來沒試過而已。

親愛的，靠過來
這無疑是段能量高漲的時期，也是神聖又奇妙的時期，如果你們因為文化偏見從未試過經期性愛，那就太可惜了。

我們隨時在做。如果心情對了，就做。

──梅琳達，22歲，荷蘭

以前我不喜歡生理期的性愛，直到我學會了正確使用子宮帽阻擋血流。

──金吉碧，58歲，舊金山

隨著她的潮流做愛

對於排經與經血抱持著「嗯，好髒」的心態總是有點令人困

惑。老兄，你以為自己的身體裡能流出什麼來？乳霜糖漿嗎？不不不，無論濃稠或清淡、混濁或透明、無味或像鄉下市場的蘑菇味，對精液的感覺都是後天學習來的，經血也是如此。

但是老實說，如果你試試看，可能發現一點點血液是神奇的催化劑。她身上的自然體味全部加強了。

月經期間口交是個人口味與安全的問題，有人喜歡，有人討厭。經血嚐起來有點甜味或金屬味——因為裡面有鐵質。

如果你不喜歡經血的味道，可以集中在她的陰蒂部位，避開陰道周圍的血流。你的唾液也會使混合物擴散開來。血液是較大的風險因素，應該更小心安全問題，除非你們另有打算。

我不太喜歡在女性經期中為她們口交，但是我應女友要求嘗試過，結果很好。我的舌頭沒伸那麼進去。

——鮑伯，31歲，波士頓

問題是，男生經常瞥見廁所垃圾桶裡塞著衛生紙，包裹著「骯髒」的衛生棉，皺縮成一坨，活像是木乃伊的碎片。或許這些來自他們母親或姊妹的產物加深了他們的刻板印象。但也有些人看到這類東西會興奮。

經血其實是很好的潤滑劑，又滑又軟，或許有點黏，不過插入之後，感覺棒極了！每根神經都豎起來，額外的潤滑加上強化的感官，可以讓平淡無奇的性交有新的快感。

如果要我舉出兩個特別慾火焚身的時期，那就是生理期和懷孕的時候。兩個期間我都嘗試過，我敢說，當女人體內的荷爾蒙告訴她趕快在附近找個最帥、最壯、最聰明的男人，躺下來辦事時，真的會有一種單純的生物學上的迫切性。

——凱倫，31歲，加州聖地牙哥

親愛的，靠過來

濕滑的手指、假陽具或真的陰莖插入經期女性的陰道，對男女雙方都可能是美妙絕倫的體驗。女性體內超敏感的組織，充血陰唇的強化觸覺，加上甜蜜的氣味，催情效果絕對不下於你家附近情趣商店裡賣的潤滑劑。

血的連結

我喜歡我女友們經血的味道。當然，我知道這樣是危險的，除非是在特定情況下跟一個我絕對信任、做過性病檢查的伴侶做。分享她的一部分很有親密感，很甜蜜……爲流血的女人口交眞的讓我很興奮。

——雅美莉亞，32歲，紐約布朗克斯區

　　或許經期性愛最棒的一點，就是創造伴侶之間的信任感與親密感。女人會在生理期自認比較不美麗、不乾淨。能夠用眞心溫柔超越這項文化羞恥感的男人，才算得上是「夢幻情人」。

我喜愛在生理期做愛。感覺很棒，有時甚至忘了疼痛痙攣！只要我的伴侶同意，這眞的會讓我很開心。

——泰莉，21歲，德州奧斯汀

女性在生理期可做的十件事

1. 親吻很久很久。
2. 彼此為對方按摩。
3. 一起手淫。
4. 用手或舌頭刺激她的陰蒂。

5. 口交：擁抱女神與她的一切
6. 珍珠項鍊：把你的陰莖夾在她乳溝裡，摩擦到射精（要用很多潤滑劑）。
7. 臀部摩擦：用一些潤滑劑，在臀溝之間摩擦陰莖，溜來溜去。
8. 玩玩具，玩一大堆玩具。
9. 肛交：試試新的入口。（可能對某些人是造訪老地方）
10. 正常性交：讓它去吧。

　　經期做愛，給她快感的最大好處，就是可以解除經痛，所以你們的心情也會好起來。利用甜美的高潮解除經痛，比你做任何其他事的加分都高，至少勝過止痛藥或安眠藥的處方。

　　一定要注意安全！如果你不想與伴侶交換體液，記得用保險套。如果你的伴侶有性病，血液一樣會傳染。如果你們有體液交換，滋味可能很美好，畢竟一切都是從她體內的一部分。

性高潮：驕傲的呼喊

性愛的定義在我們訪問過的女同志與異性戀之間有很大的差異。共通點似乎只有一個：性愛包含某種方法、形式的性高潮。所以我們花點時間討論這個誘人的主題吧！

宛如置身黑暗

男人對女性的高潮永遠有問不完的問題。其實，女人對女性的高潮也有問不完的問題。很不幸，在歷史紀錄中，高潮這件事似乎一直圍繞著混淆、錯誤與無效的資訊。

我們在成長過程與後來的歲月中花很多時間想搞懂這是怎麼回事。大多數人能夠帶給別人快感就有滿足感了，但是我們也想知道如何做得更好。我們要有賓主盡歡的體驗，充滿喜悅、快感與高潮的性愛！

如果高潮對你不重要，你不會閱讀本書。我們希望女同志的觀點能夠釐清某些迷思，幫你確定她的高潮是你下一次性關係中不可或缺的部分。

高潮的迷思

以前有個人叫佛洛依德，他對於高潮快感提出的某些觀念對女性真是幫倒忙。佛洛依德說，女性的陰道高潮是「成熟的」高潮，陰蒂高潮是「幼稚的」——只有自慰的小女生會有。他傳播了「陰道是女人性快感的重心，所以應該藉由陰道插入獲得快感」的錯誤觀念。我們知道他大錯特錯，陰蒂才是女性快感的重心，但是糾正既成的謬論需要時間，偏偏這個謬論的生命比長效燈泡還久。

許多異性戀女人如果插入後沒高潮，就覺得不對勁。女同志就沒有這種壓力。直到現在，很多女人還想「學習」如何得到「陰道高潮」，但是如果沒有陰蒂幫忙，陰道並沒有足以達到高潮的神經末梢數量。陰蒂牽涉到很多部位。

男人也被佛洛依德的陰道神話騙了。很多男人拚命努力想靠插入讓女伴達到高潮，結果失敗，他們以為自己哪裡做錯了，或以為伴侶是性冷感。

男人汗流浹背試著用強烈抽送讓女伴發出狂喜的尖叫，或許女方會很舒服，但是未必會有神奇的高潮。你為歷史的錯誤付出了代價。

親愛的，靠過來
你的女伴無法從陰道插入得到高潮，不表示你就是個大肉腳。你們倆需要探索陰蒂刺激或其他方法讓她興奮。還有，女人無法從陰道性交達到高潮，並不表示她不喜歡插入！

我有個伴侶不太喜歡插入式性愛的高潮強度，但是，她很喜歡口交帶來的高潮。對她而言，被插入需要更多的信任感才能真正放得開。

——瑪姬，25歲，紐約州容克斯

很多女人完全依賴進出式的性愛——而且集中在一兩個洞口，即使這樣也無法達到高潮。

反過來，也有女人根本不喜歡被插入，這時候你就要動動腦筋，拓展你對性愛的認知，互相協商，找出一個滿足彼此需求的方式。這不表示你必須完全放棄插入式性交，但是做的方式需要先協調一下。

團隊精神

在我的經驗，跟男人做或跟女人做的差別就是，跟女人做的時候，兩個人都高潮了才算結束，多了一些互相關懷的感覺。

——丹妮兒，31歲，紐約州塞拉古斯

　　我們討論過女人的陰蒂頭與柱體跟男人的龜頭與陰莖的相似之處。你能想像做愛卻完全不碰陰莖（除非意外）嗎？你會感到不滿足吧？如果這情形一再發生，你從未有過高潮，會有什麼影響？會有挫折感？難過？憤怒？你還想跟這個伴侶做愛嗎？太多女人抱怨她們的男人完全不懂如何找到陰蒂，找到了也不知道要如何處理，甚至不明白陰蒂的用處！

　　某些女人沒有高潮，不是因為她們冷感，只是因為還沒學會怎麼做。任何健康的女人只要學習身體的機制，都可以享有高潮。很多女人需要花很長時間醞釀，高潮不會在開始刺激陰蒂五分鐘之後準時出現。你必須有耐心，在乎她的滿足。

親愛的，照過來

想跟伴侶共享高潮需要團隊合作。鼓勵她告訴你如何使她興奮，你也必須告訴她你喜歡的方法。否則，你們只能盲目摸索通往天國的鑰匙。溝通與信任會幫助她更開放，與你分享她的愉悅。

　　女性有責任跟你溝通她要什麼，怎樣最舒服，她需要如何撫摸刺激才會達到高潮，然後你必須把她的話與示範付諸行動（因為這跟你上一個伴侶的方式可能不同）。雙方各盡所能、各取所需。某些女人有比較多自我取悅的經驗，知道自己需要什麼。其他人就要依賴伴侶去找出來。

我們所在的世界並不完美，所以你必須知道在通往高潮的路上，可以為伴侶做些什麼，同時避開失望不已的死路。

高潮芮氏地震儀

　　我的上一次高潮是我經驗中最完整、最豐富、最開放的一次。就像經過永恆的纏綿才到達最高點。我們事後討論過，內人也有同樣強烈的高潮，雖然不是同時。

——理查，50歲，加州柏克萊

　　高潮並非人人生而平等。一點也不。有時我們骨盆內會有一小塊局部肌肉抽搐，覺得「真不錯」；有時候我們覺得興奮到整個骨盆要散掉似的。還有不可思議的全身高潮，直衝入腦，手腳在狂喜中麻痺。此外，還有體外高潮，感覺像是整個人要飛出屋外，在暈眩的極樂中旋轉，乘著光線扶搖升天。高潮有很多種，不可能每次都有魂飛天外的精神體驗，有時候需要花很多功夫培養出如此狂喜的能量。

　　我的高潮不很棒，但是夠滿意了。我沒有肌肉收縮，而是有溫暖的感覺集中在骨盆與下腹部。有時會往下延伸到腳趾。連續來五六次最好，因為最後一次感覺最強最滿意。我想改善我的高潮，但是目前太忙，這事排不上優先事項表。不過我不擔心，我知道只要花些時間，一定可以改善性生活。

——莉貝卡，40歲，紐約

　　對女人而言，陰蒂／陰戶高潮、陰道／混合高潮、尿道高潮的差異很明顯。女性主義聯盟婦女保健中心出版的書《*New View of a Woman's Body*》重新把陰蒂定位成完整的器官與女性性器官

的中心架構。書中的「新觀點」推論所有高潮均來自陰蒂的說法。這個新觀念整合了所有陰蒂 V.S. 陰道的辯論與爭議。女性確實反映過有不同模式的高潮，給她們的感受各自不同，或許因為涉及了陰蒂的不同部分。無論我們是否認為陰蒂是高潮重心，它的重要性無庸置疑。

多重高潮

多重高潮是怎麼回事？又代表什麼意義？它的定義眾說紛紜，大致上是指性行為中連續有幾次高潮、間隔不遠、中間沒有停歇或只有短暫停歇。

模式可能不同，或許是一串小高潮，或是兩小一大，或是「大爆炸」之後跟著20次餘震。這像是機關槍連射的高潮，休息一下，很快又有高潮，不必從頭開始。不論什麼模式，總之高潮源源不絕！

我的陰蒂需要正確的刺激才會製造最棒的高潮。我的高潮一次比一次強烈，三到四次之後，我到達欲死欲仙的終極境界，進入另一個次元。放鬆、安全感、密切的情感聯繫，都幫助我進入高潮。

——洛絲，52歲，佛羅里達州南部

女性能夠有驚濤駭浪的多次高潮，原因之一是她們的勃起不會耗盡精力。當然，女人像男人一樣會到達一個無須其他刺激的最高點，魂飛天外。此時要讓她休息——她的神經末梢都緊繃著，或許需要休息一到十分鐘。但她如果想挑戰多重高潮，要訣是持續不斷，或許暫停一下，或用手控制震動按摩棒讓它擴散一些，或是專心在胸部或其他部位。然後…轟！回來繼續做，推她一把，繼續高潮反應。

女性射潮與G點

　　沒錯，有些女性會射潮。問題重點是：那又怎樣？女性射潮非常曖昧，連醫師與其他「權威」都拒絕把它列為具體現象，即使從亞里斯多德的時代歷史文獻就有提到它！

　　G點與射潮的關係匪淺：女性通常在陰道壁的G點受到刺激時射潮。有長期累積的高潮時，也可能不經G點而射潮，只是這種情況很少。女性會射出一定份量的液體，與子宮頸、陰道分泌的潤滑液不同，而且經常留下一灘痕跡。

　　刺激G點的最佳方式是用可以觸及陰道前壁的手指或彎曲玩具，因為G點就在那兒。性交也可以刺激G點，但是某些體位比較有效。小狗體位時，陰莖的角度容易觸及女性的G點，或是女性上位姿勢，她可以自己控制角度。如果你仰躺，她用坐姿體位稍向後仰，就能刺激到她的G點。某位女性說這時自己用手在小腹施壓，可以幫助伴侶的陰莖碰到正確的位置。

我的高潮本質是截然不同的。自慰與口交都不錯，但是最棒的經驗是女性在上，我的腳踝在她雙耳附近。這樣做事後肯定要換過床單，至少事先要鋪毛巾。

——瑪莉，26歲，加州瑪莉那德瑞

　　完事後可能濕了一大灘。某些女人甚至會用噴的！如果你擔心清潔問題，就在她身體下面鋪條毛巾，做愛時手邊準備些毛巾總是好的。

男性對射潮的反應

　　女同志通常比一般人了解G點與女性射潮。我們很少聽到女同志因為對方會噴水而拋棄（或是抱怨）她們的伴侶。相反地，這被看成一件好事。理由是女同志對女體構造、高潮機制的舒適

與知識水準較高。一般人如果對女性射潮感到不悅，通常是因為誤認成尿液。

我敢驕傲地說我有兩個會射潮的伴侶。看起來有趣，感覺又刺激，而且絕對不是尿。

——凱倫，24歲，紐約市皇后區

Alice Ladas、Beverly Whipple 與 John D. Perry 都是著名的射潮與G點研究學者。他們注意到女同志或雙性戀射潮的機率似乎超出異性戀女性。他們舉出兩個佐證的理由：「有時手指似乎比陰莖接觸更能刺激G點敏感區。或者，女性也許對其他女性體內排出的液體接受度比男人高。」

他們針對女性射潮的成分做了測試與檢證，證實它不是尿。某些研究人員稱之為女性攝護腺液，暗示女性也有攝護腺，因為潮液來自尿道兩側的兩個腺體。

伴侶對射潮的接受與否，在於她的滿足程度或女性自身會不會射潮。如果她感覺困窘或伴侶沒有正面回應，她可能因擔心對方反應而有所保留。

這個問題要從改變對女性射潮的認知做起，讓人們了解這是高潮的正常反應，而不是排尿。如果你的伴侶在做愛時射潮，你的反應可以帶給她羞恥感或驕傲。

親愛的，靠過來

如果你批評她射潮的氣味不好或弄髒床單，可能導致女性感到羞愧，認為自己有毛病，或認定這是粗魯或不正常的事。這些想法可能導致性行為中的焦慮，讓她以後有所顧忌，確保不會再發生。但如果你支持她，鼓勵她放開，或者你真的喜歡這樣，她會很開心，對射潮有自信。然後她可以繼續探索這方面的高潮反應。

提昇高潮快感

拉開你的嗓門

性愛的聲音，無論音量大小，都是造物主創造的最美妙聲音。

——艾瑞克，22歲，維吉尼亞州羅諾克

看些人高潮時敢大聲呻吟、狂野尖叫，有些人從不會這樣。有時候沉默的高潮也很刺激，因為你父母就在隔壁房裡，或是不願被其他人聽見。被迫保持安靜會提高幻想與釋放的緊張感，可能消耗高潮的能量。試著放開一點，當你釋放高潮的所有機制，才能完整體驗你的高潮能力。

親愛的，靠過來

寂靜可能會扼殺高潮。高潮中肌肉收縮、血液循環加速、呼吸沉重時，不讓自己的聲音同時出來，就切斷了它。聲音是最原始的釋放，也對許多人是一大助興！還有什麼比你愛人尖叫、呻吟、哭喊、唱出獨家狂喜曲調更迷人的聲音？鼓勵她多開口吧！

男女的高潮準備動作

我們在生殖器專章提到的PC（pubococcygeus，恥尾肌），男女都有。恥尾肌是重要的高潮肌肉，像你體內的其他肌肉，越鍛鍊越強壯、有力、耐操、有效率，越能發揮作用。女性擁有強壯的恥尾肌還有助於生產，分娩時會比較省力。

親愛的，靠過來

有些女性表示鍛鍊過恥尾肌，應用於性行為之後，才初次體驗到高潮！

自從鍛鍊了恥尾肌，我的高潮更加強烈，身體似乎更投入了。我的上一任女友對我肌肉的力道非常滿意。

——瑞秋，31歲，芝加哥

恥尾肌從恥骨延伸到尾骨（coccyx）。在男人身上從睪丸下經過，圍繞肛門；在女人身上從大陰唇下經過，圍繞肛門。現在我們來找到它。準備好做柔軟體操了嗎？

當你想停止排尿的時候，這條肌肉會收縮、往上拉。現在試著收縮這條肌肉。如果找不到，去小便，然後半路憋住，應該就可以感覺到它的位置。好，運動時間開始了……

上提，憋住，一、二、三、四，好，放鬆。再來，上提，憋住，一、二、三、四，好，放鬆。你現在做的就是凱格爾運動（Kegel Exercise），名稱源自推廣它的婦科醫師。男女做這個簡單運動都很有益處。鍛鍊你的骨盆肌肉之後，會有更強的高潮，從來沒有過高潮的人也可以一窺堂奧。高潮的重點之一就是從肌肉釋放的張力。

女性想要加強鍛鍊的話，信不信由你，市面上真的有賣陰道運動器，叫做Kegelsizers。這是一種不銹鋼製、一磅重的啞鈴，女性可以把它塞入陰道，鍛鍊恥尾肌。啞鈴給陰道一個收縮的目標，提供肌肉的阻力。Kegelsizers並不便宜，但是它也可以兼作插入陰道的假陽具，一般情趣商店都有賣。比較細的假陽具也可以湊合著用，你可以觀察伴侶每次肌肉收縮時把它向內拉，然後放出來的情形。

凱格爾運動隨時可以做，練得越勤快，肌肉越強壯。最棒的是，你在任何地方做都不會有人發現！你可以每天練一陣子或每週練幾次，例如開車、在銀行排隊、辦公時、在昏昏欲睡的會議室裡、與朋友午餐或在家閒晃時。每次做30下、50下甚至100下，也可以改變每次憋住的時間長短——有時撐八秒鐘，有時練習快

速縮放。如果你有從未高潮或慾求不滿的朋友，不妨跟她一起做這個運動。

呼吸的作用

呼吸是興奮與高潮時常被遺忘的重要因素。深呼吸可以幫助體內能量流動，流動的能量越多，越能運用。我們很容易就忘了呼吸，也都看過性行為中伴侶的臉脹紅扭曲，激烈抖動，沒有呼吸，就像馬拉松選手在終點衝刺時的樣子。

呼吸，老兄，要呼吸。呼吸可以供氧，滋養流遍全身的血液。不只幫助循環，也關係著身體許多部位。憋氣會妨礙高潮，限制你的快感。

有時窒息可以加強感官，但是必須小心，避免忘了呼吸。有些人在即將高潮時喜歡憋氣，想帶出快感，這叫做自主性窒息（auto-asphyxiation）。

如果你在性興奮時沒有注意調整呼吸，試試看吧。改變呼吸模式，看它如何影響你的興奮感、身體、高潮的長短與強弱。瑜珈與印度教修行都有針對呼吸與它影響體內能量的鍛鍊法。跟伴侶一起練習，性愛中配合彼此的呼吸，可以強化連繫感。

呼吸還可以跟PC收縮運動一起練習。吸氣時收縮恥尾肌，憋住，然後吐氣同時放鬆肌肉。接著反過來，吐氣時收縮肌肉，看看有何不同，找出最適合你的方法。記得要呼吸，也要提醒你的伴侶！

性興奮

有女性高潮的測量單位嗎？你如何分辨女性何時達到高潮？是否達到高潮？我該繼續舔她那裡還是停止？她高潮時不像我上一任女友會大叫，或許她沒有高潮。我怎麼分辨？

對男人而言，女性高潮的反應既曖昧又混淆，況且每個女人體驗與表達的方式都不同。

研究人員廣泛記錄了男人與女人性興奮的各個階段。由於研究者觀點不同，劃分的階段也略有差異。

在這些階段中，女性跟你一樣會勃起。她的器官充血腫脹、小陰唇張開、因興奮而鼓起。陰蒂也膨脹勃起，周圍變濕，陰道擴張，肌肉緊繃。當肌肉放鬆時，她就高潮了，甚至會射潮。如果刺激停止，她就不再勃起，一切恢復到平靜狀態。

這些階段互相重疊，長短與強弱因人而異，但是基本順序與模式是相同的。

人們對這些階段的體驗比起學院派的理論更爲主觀而多變。學院派善於搞出一套階段性的模擬機制，並以線性思考方式看待性興奮這個複雜多變的機制。

記住，性興奮兼有情緒、心理與感官層面，不只跟生殖器有關。試著了解性行爲中她的身體眞正發生了什麼事。重點是用你的身體去感受、去記憶，就能對女性興奮高潮時可能發生的反應與基本變化有初步認識。

有時候我可以從伴侶的動作、呼吸與陰道收縮的節奏知道她高潮了。有時很難判斷，尤其是你不太專心的時候。這時如果聽到「我高潮了…」就放心了。

——艾斯，29歲，墨西哥瓜達拉哈亞

基礎之旅

當你與伴侶開始興奮，雙方體溫會升高。就像職籃比賽的第一節：開始有比賽的感覺，找到節奏與流程。又像是故事的開頭，需要開始認識劇中角色——就是你與你的伴侶。

親愛的，靠過來
性興奮是有特定模式的：覺醒期、累積期、韻律期、歌唱期、強化期、減弱期、靜止期。

一個興奮的感覺從腦中開始。幾乎任何事都可能觸動：氣味、聲音，看到愛人或激情畫面。體內荷爾蒙開始變化，釋出睪丸素酮與雌激素。光是凝視伴侶或握她的手就能開始。簡單地說，你慾火焚身了。

接下來你們親吻、撫摸、撥弄，探索彼此身體，玩味共處的興奮。你的腦中充滿各種綺思幻想。開始動作，情緒高漲，循環加速，皮膚泛紅，然後開始冒汗。女性陰戶此時逐漸充血，並流入陰蒂與陰唇的勃起與海綿組織。陰蒂變大，更加敏感。

或許你們正站在廚房中央，正在慢慢互相寬衣。撫摸、親吻加上裸體視覺的刺激越來越強。她不禁抓住那東西，你也是——我說的可不是煎鍋喔。然後你把桌子一揮手掃空，或者雙雙撲倒在地上。

動作加強，身體進入更緊繃的狀態，就像電影的懸疑階段。女性乳房充血、稍微脹大，乳頭豎起，陰道分泌潤滑液。大陰唇退後、小陰唇充血。陰道內壁擴張，前端三分之一更明顯、更緊。陰戶顏色變成暗紅色、紫色或褐色。

你看看，在男性認定的真正性行為（抽送，吸吮，交合）之前就發生了這麼多事，假設你正在用濕潤的指尖努力刺激陰蒂，一面在她耳邊甜言蜜語，她一把緊抓住你那話兒，賣力搓弄。快感增強，情緒高漲，你們都感到肌肉收縮，一波又一波火熱肉慾的快感襲來。這些刺激讓你們一步一步接近高潮。

記住男人女人的共通點比差異多，雙方體內發生的事情多半相同。呼吸與心跳加速，生殖器周邊的感官增強。呼吸沉重，感

受增強，敏感部位的肌肉收縮帶你們進入強化期。感覺暈眩、身體不穩時或許還會繼續分泌體液，然後登上最高點——高潮！也就是俗稱的 Big O。

每場比賽、每個故事的結局都不相同。某些激情而強烈，某些輕微而有趣。不是每次性行為都以高潮收場，有的就像長篇史詩的章節。

你們到達了高峰時刻，不論有沒有高潮，都心滿意足了。你們慢下來休息，停止身體刺激。在彼此懷中放鬆，或打電話叫外賣，滿足你們激烈運動後的胃口。兩分鐘內，她的陰道會縮回正常大小，陰蒂與尿道放鬆，回到原來位置——陰蒂只需20秒，尿道要20分鐘。肌肉溫暖而放鬆，你們快樂地回味。

男士們，現在你們知道整個流程了，也更清楚身體變化、慾望流動，以及如何分辨她愉快時的身體機制，這可以使你變成最佳情人——如果你正確回應的話。過程不需要機械化，記住，世上沒有完美的吻、口交或性交，也沒有體驗快感的完美方式。一切取決於你與伴侶的愉悅與聯繫，還有你探索的目標。

性興奮的目的在打開你們的感受能力。到頭來，你們才是世上最棒的專家。知識只是工具，每個故事都有起承轉合的結構，但是好故事讀來仍然一路充滿驚喜。

高潮提要

興奮與高潮的世界非常廣大，只要誠心付出、努力拓展高潮能力，都會有所收穫。影響高潮的變數有好幾百種：當時的心情、身心雙方面的能量、自慰、喜愛伴侶的程度、專不專心、呼吸、肌肉鍛鍊程度、幻想力、開放程度、刺激形式、場地、舒不舒適、需要什麼助興。多注意她的樂趣與反應，祝你們高潮！

第三章　純屬遊戲

It's All Play

前戲？全程都是遊戲

　　大多數人心中有一把尺決定前戲何時結束，重點何時上場。定義各異，對多數異性戀而言，前戲似乎是陰莖插入陰道之前發生的所有事；對女同志而言，前戲是在肢體接觸之前發生的事，某些人則根本不承認這個概念。

　　我認爲前戲是仇視女性者的概念，完全以男性動作與高潮爲中心，就是讓女人準備好被插入。前戲的概念以生殖器爲主，目標導向，對男人與女人都是一項阻礙。對我而言，全程都是性愛，不同層面的性愛，不一定能導致高潮，但是都能帶來愉悅，包容在一起。「前戲」意味著「準備好」接受「眞正的性愛」，其餘一切都是「次要」。前戲的概念完全貶低女同志性愛到「非性愛」的位階，這點同樣適用於許多異性戀的性慾。

　　　　　　　　　　　　　　——羅蘋，40歲，紐約市布魯克林區

親愛的，靠過來
告訴你一個小祕密：前戲純屬遊戲。包括你握著她的手、看她眼睛、靠近她的方式。進入女人心靈與肉體的方式可不是編號標準流程（接吻、愛撫胸部、摩擦陰蒂、開始做愛）。

　　大多數男人學到的性觀念是一套各自獨立的機械化流程：前戲從接吻開始，以插入結束。這種想法的最大漏洞是忽略了心理與情感的部分，這涉及非目標導向的溝通與接觸。誰規定性行為只是陰莖插入陰道？誰規定無限可能的世界窄化到只剩一件事，

其餘都是次要，只是導向真正的核心——插入？

　　對許多異性戀，性愛定義超出正常性交是不可思議的。所以很多男人好奇女同志在床上做什麼。這個觀念可能冒犯到女同志，如果你告訴這些女人，她們對皮膚、乳房、嘴唇與裂縫的淫熱探索不算性愛，恐怕沒法活著離開。口交也是性交，連名稱都相似，就像插入性交、肛交、手淫與情趣玩具一樣。

前戲始於談論彼此的感受——語句非常有力也很誘人——然後是一連串輕柔挑逗的觸摸，接著看時機吻她的脖子。

——魚，29歲，紐約

　　很多人認為接吻是非常親密的行為，也算性愛的一部分。也有人不同意。或許要看前後情境而定，但是如果你認為它是性愛，那就是性愛了。

　　你必須把整個性愛互動當作遊戲。性當然也有節奏：有一點甜蜜、慢板、目光交錯、肢體語言、擁抱、親吻，醞釀加溫加速，累積張力，加入更多器官合奏，甚至包括生殖器，直到某個高點，然後減速、休息、靜止。隨你怎麼譜寫曲調，歌詞多長、如何自由發揮即興創作、如何累積、如何結束。性愛不一定是逐一打完18洞就收工回家，只要你學著跟隨你的衝動、直覺與情感，可以更自然一點。怎麼舒服怎麼做，詢問伴侶的反應看她怎麼想。打開你的世界吧！

　　如果你把「性交」之前的預設流程都當作「前戲」，那就錯過好東西了。男人通常有急著辦正事的傾向，於是敷衍應付著焦點之前的每個動作。優質的性愛表示性接觸過程中要全程專心。

　　伴侶心不在焉會讓人覺得羞辱、受傷。女人尤其挑剔這一點，她們永遠知道伴侶何時分了心，只是虛應故事而已。這是失去伴侶的最快方法，別豬頭了。學著放慢腳步欣賞你的愛人，接

受她完整的身體與你身體的感覺，觀察她的反應與你的反應。

談了這麼多高潮，我們可能忘了好的性愛未必需要高潮。花時間感受伴侶的身體，單單親吻、擁抱，也可能讓人滿足，不要有務必達到高潮的壓力。許多女同志喜歡非目標導向的性愛，接下來就要給你具體的提示，幫你適應做愛過程，讓它更好玩。

與她的感官合奏

你有強力的性愛大軍幫你創造最完整、最有力的進攻女體方式！這支部隊就是你的五官。如果你根本不用它們，或只充分利用其中一兩種，你就喪失了一部分性體驗與性能力。

男人以視覺的動物聞名，女人以說／聽覺動物著稱。刻板印象就是這樣。但是我們敢打賭人們「爽一下」的方式絕對千奇百怪，可不一定受限於先天的性別！如果你通常只用一兩種方式使伴侶興奮，試著整合其他的，看看能夠增加多少愉悅。

視覺：注視、偷窺、仰慕

古希臘人認為愛意是從眼睛進入心靈。凝視伴侶的身體，以夢幻、充滿燭光的房間製造視覺刺激的氣氛，看她跳舞或脫衣，看A片培養情緒，一起「閱讀」成人雜誌，都是我們部署視覺軍團的方式。

你是男子漢，喜歡養眼鏡頭，或許以前還因此惹過一些麻煩。你會盯著女人，跟她眉來眼去。你曾經對女性身材品頭論足，被罵成沙豬。注視女人的時候，要有些常識禮儀：不可以評分，不可以公然喝倒采或吹口哨，不可以耍白痴。不可以張著嘴一直盯著人家咪咪或屁屁，露出色瞇瞇的眼神。不可從頭到腳打量她，除了眼睛，什麼都看上半天。不要忘了看美女要有眼神接觸。這不表示你就不能注視美女，欣賞她的身材與美貌。有些女人或許不需要這種注意，也有些女人喜歡引人側目，尤其是以禮貌的方式。

女人為我做過最棒的事情就是把我綁在床上，為我跳艷舞。我興

奮極了，幾乎無法思考，那眞是天下奇觀。

——克莉絲蒂，29歲，卻斯特港，紐約州

最喜歡被你注意的女人就是你的伴侶。別害羞，只要你不在別人面前糗她，當她穿著性感時，其實你可以對她喝采、吹口哨，或許她會覺得受恭維又有趣。把你慣用的注視與媚眼拿出來，她會因此愛死你。注視你的固定伴侶不僅很性感，也可以製造情感連結、建立互信。請摸熟你伴侶的每一吋臉龐與身體。兩人共處時，用甜蜜的眼神看她眼睛。

有很多提高視覺刺激、改善性生活的有趣方法：
- 互相手淫。
- 請她跳豔舞，或是躺在床上看她穿衣或脫衣。
- 一起觀賞兩人都喜歡的A片，或是情色雜誌。
- 大膽一點，表演猛男秀給她看。
- 玩「攝影師與模特兒」遊戲，拍些拍立得照片。
- 拍攝你們的家庭錄影帶。
- 或許你們已經在天花板或牆壁裝了大鏡子，否則你們可以用大型鏡子觀賞自己的現場春宮秀。有輪子的直立落地鏡可以拉到床頭、沙發、廚房餐桌、牆邊或任何你們做愛的場地。你可以近距離看到最火熱的演出。如果你與伴侶對視覺刺激很有感覺，鏡子會是強力的工具。

聽覺：詩歌、音樂、耳語、喊叫

用你的聲音使她興奮。要甜蜜、性感、帶點猥褻。對她唱歌、爲她唸詩，或是朗讀色情故事。描述自己的性幻想。她喜歡什麼？自然界的聲音？聽鄰居做愛？還是你呼吸的聲音？

我真的很喜歡說猥褻的話，也喜歡聽。言語對我比照片有效。

——卡兒，24歲，丹佛市

　　音樂是偉大的創造者與情緒改良器。放對音樂可以讓你們享有神奇火熱的一夜。反過來說，把電視上的爛節目與聒噪廣告當作背景音樂就不是好主意。

我是注重聽覺的人，我需要聽到情人的聲音，不是在我耳邊說話，就是狂喜的尖叫。那樣最能讓我高潮。我可以完全投入聲音，我有過很多情人，男女皆有，他們都擁有性感誘人的嗓音。

——珍妮，26歲，芝加哥

　　身體的聲音是另一個重要部分。傾聽你身體的音樂吧！傾聽親吻、呼吸、呻吟、喘息的聲音。傾聽身體接觸發出的所有甜美聲音：拍打、吸吮、噴出。身體是一個交響樂團，注意聽，讓它提昇你的感官，與伴侶合為一體。

味覺：鹽、汗、愛液、芒果、香蕉、蜂蜜……

　　你喜歡伴侶身上流汗舔起來的鹹味嗎？她皮膚上的甜味？她的唇？她的頸？她身體不同部位的味道如何？進行一場小小的味覺之旅吧——你們一定會樂在其中。

嗅覺：花香、淡香、濃香

　　嗅覺是感官中的弱勢，經常被更強勢的感官排擠，被忽視或低估。作家黛安艾克曼（Diane Ackerman）在《感官之旅》（*A Natural History of the Senses*）中談到我們用來描述、討論氣味的

字彙非常貧乏。有時候文字反而是障礙。嗅覺是個廣大世界，我們不用預知自己喜歡什麼就可以進入探索。熟悉的氣味可以讓我們勾起特定的久遠回憶。

每個人的身體都有特殊氣味，這可是世上最珍貴的香水。熟悉一下她的體味，即使微臭也可能是興奮的誘因。我們常用香水或古龍水掩飾自己的天然體味，或許某些人會覺得興奮，也可能會讓人分心。

嗅覺是人類最原始的感官，在我們記憶中永遠有引發立即反應的效果。海洋與海藻的鹹味，松樹與花卉的清新芳香──戶外的宜人氣味，可以讓你與伴侶活力充沛。更不用說花卉對約會的神效。

對女人來說，單身漢住家最可怕的就是臭襪子與汗酸味，像漫畫裡的烏雲一樣揮之不去。快把你家的臭味去除，弄出一些好氣味，不僅對你有利，也是她的福音。

最明顯的工具是焚香與香精油──如果你手上已經隨時準備好各式香味，你簡直就是五星級的男人。

請找尋最純粹的氣味，味道種類繁多，入門者不妨試試茉莉、埃及麝香與印度檀香。

觸覺：親吻、撫摸、按摩

問：人體最大的性器官是什麼？
答：皮膚。

如果你真的要與伴侶更親密一些，就從觸摸她的身體開始。雙手、口鼻並用，用你的全身探索她的全身。觸摸的方式太多了，你可以撫摸、按摩、輕拂，性感地、密集地捏、咬、扯、拉，活用指甲、羽毛、小棒子、身體部位與舌頭。一開始應該輕

柔，再逐漸加重撫摸的強度。

閉上眼睛，只用手指與舌頭觸摸，從腳趾開始，讓我學到不少伴
侶的身體結構。

——莉莎，27歲，紐澤西州西米爾福

　　觸摸是性愛大樓的地基，不必發生實體接觸，就有許多性作
用發生，實在很有趣。探索伴侶的身體並不是直攻雙峰，然後直
搗黃龍，掠過她身上其餘有趣的部分。
　　如果你不喜歡被摸，爲什麼？你不喜歡哪一點？有沒有特定
部位是你討厭被摸的？在哪裡？感覺令你聯想起什麼？探索你自
己對於觸摸的感覺，如果有需要加強的地方，或許可以幫助你更
習慣觸摸別人。

高潮後的皮膚回復

　　觸摸伴侶的最重要時刻是在高潮後，可以幫助她體內的高潮
收縮與震動能量平復。
　　用你的手輕輕撫過伴侶的前面，往下到脊椎與雙腿，還有她
的雙臂。撫摸她的頭、胸部與腹部。當高潮的餘震與脈動還在她
全身流竄、血液迅速流動時，輕柔地撫摸她。

我的第一個女友有辦法讓我覺得夠安全與舒適，能跟她一起放
鬆。她總是在我高潮後立刻擁我入懷，一直抱著，同時耳語：
「我抱著妳，妳很安全，寶貝。」在我身體顫抖時撫摸我，感覺非
常有愛心，甚至有療效，男人從來沒有給我這樣的感覺。

——瓊安，29歲，達拉斯

創造讓她狂喜的情境

　　女性無疑非常重視一次美好性愛邂逅的心情。創造好心情並不難，只需要一些深謀遠慮，幾項道具與一些常識。準備以下表列的道具，會讓你們的心情有神奇的轉變。

創造情境的方法

- 蠟燭，蠟燭，蠟燭。燈光很重要。你也可以試著在燈具裝上彩色燈泡：紅色很性感、藍色很夢幻、紫色很熱情、橘色很溫暖、黑色很猥褻，還有很多她會喜歡的顏色。先從自己喜歡的開始試。

- 香料。準備一些不同香料，在你想要發動一場絕佳性愛時使用。同樣，先試自己喜歡的味道。麝香類的很好，植物系的也不錯。記住，來源越純粹的香料，通常效果也最好。

- 性感音樂。音樂在性行為中是很有用的因素，視你們的心情與喜好而定，但是一定要有一些比較保險的CD，收錄一些性感歌曲。

- 枕頭。枕頭可以創造舒適的環境，用來輔助某些體位也很好用，所以準備越多枕頭越好。需要時就取用，礙事時就把它扔到一邊。

- 大自然。海灘落日、空氣清新的山頂、清涼小溪的聲音，舖滿落葉的地面，或者在美麗地球的任何野外搭起帳棚——這些都是最佳的心情改善良方。唯一要記得的是毯子（天氣變冷就性感不起來了）、保險套、手電筒，還要把雙手洗乾淨。

- 情趣食物。水果（草莓、芒果、桃子都不錯），熱巧克力，氣泡奶油，蜂蜜或任何黏膠狀、美味、方便吸舔的食物都能增添樂趣。睡眠、性愛、飲食帶來的肉體愉悅總是互補的。

- 花卉，尤其又大又香的花，是多采又浪漫的手法。前提

是她不對花粉過敏！

- 熱水澡。配合以上任一或全部要點，熱水澡能夠製造浪漫、性感夜晚的基調。為她放水，幫她擦洗，用玫瑰與蠟燭裝飾浴缸周圍，在水裡撒幾片花瓣，加些浴鹽、精油或肥皂水，放一首好聽的音樂。噹啷！她一定會任君擺佈！要注意不要混合太多氣味，以免互相衝突，對嗅覺與健康也不好。

- 浪漫晚餐。你親自下廚的香味是最能誘惑愛人的工具。浪漫晚餐可以完美地結合各種感官：香料與食物的豐富味道、燭光、眉目傳情、肢體（檯面下）的接觸、甜言蜜語和輕音樂。女人擅長為愛人準備最甜蜜浪漫的晚餐，所以你也要投桃報李！男士們，要學習。學著在家裡享用美食、佳釀，與好伴侶創造一個美好夜晚。

親吻：助興或掃興

親吻有很多方式：柔軟、緩慢、渴望、甜蜜、探索、深入、慵懶、熱情、冷淡、夢幻、嚴厲、被動、命令、施捨、滲透、淺啄。有人說，從一個人親吻的方式就能看出他的個性與床上功夫，也有人表示親吻就是性愛。

親愛的，靠過來

遵守金科玉律：己所欲者，施之於人。注意她吻你的方式，以同樣的方式回報。一開始最好保守一點，直到你摸清她的喜好。

唇上測驗

親吻就只是親吻嗎？或是交響樂的前奏、主菜前的開胃菜？根據我們調查的女人（和男人）說，如果親吻不能讓你胃口大開，後面也不太可能有大餐！親吻對大多數女人關係重大，跟性愛同等地位。所以無論性愛對你重不重要，請注意：它對你的伴侶八成很重要。女同志很了解一個好親吻的威力，也知道唇齒的重要性。

怎樣才能成為親吻高手？答案：想要親吻的動力。

——李察，50歲，加州柏克萊

與人分享我們講話、呼吸與進食用的嘴巴，是一個非常親密的舉動：用你的嘴覆蓋另一個人的嘴，對著她吐氣，呼吸同樣的

空氣，交換唾液。親吻是整套性行為的縮影。這是初步的身體對話，比閒話家常或用正確辭令討好她更重要。言歸正傳，這是沒有言語的交談，呼吸對呼吸，唇對唇。

我喜歡慢吻，運用嘴唇全部，感受彼此呼吸的親密。無論體內其他部分發生什麼事，我可以完全投入親吻的節奏。我也喜歡深入的法式熱吻，但是慢吻更性感，在性愛中希望越多慢吻越好。
　　　　　　　　——雪兒，29歲，康乃狄克州紐海文

　　親吻也是戀情的指標之一。感情開始惡化的時候，情侶們停止做愛之前會先停止接吻。娼妓願意為嫖客提供各種性服務，但是拒絕接吻，也是同樣的理由：她們保留最神聖的行為，不與陌生人分享這種親密感。

遺忘親吻的男人

　　很多異性戀或雙性戀女人抱怨，戀情初期男人很愛親吻，可是一旦可以隨時「到手」之後，似乎就忘了怎麼親吻。別讓這種情況發生在你身上，大多數女人需要很多很多的吻，以親吻與伴侶建立聯繫的象徵意義歷久不衰。如果你不希望她的性慾減退，請保持你親吻的動力。親吻一開始很重要，以後也會一直如此。

親吻是最重要的。通常這是肉體接觸的第一步，一開始先輕吻，絕對不要用法式熱吻展開一連串親吻。
　　　　　　　　——瑪莉，28歲，克里夫蘭

親吻讓我知道她想不想做愛，也知道跟她做愛會是什麼情況。
　　　　　　　　——唐娜，38歲，西雅圖

親吻的要素

改善自己的親吻風格與技巧，要考慮幾個基本因素。親吻跟換機油不同，不是知道怎麼做就好了。親吻需要好老師做示範、練習、激起興趣的火花。無論你是否體驗過親吻高手帶來的愉悅，我們都需要練習，所以把嘴唇噘起來，準備好。

肉慾的嘴唇：綿長而輕佻

嘴唇是有力又具磁性的性愛工具。嘴唇的誘惑力無法想像，我們可以迷失在這個身體器官好幾天。向她的雙唇臣服，放縱它們，與它們合一，完全投降。

女性有甜美柔軟的雙唇，最適合接吻。而且大多數嘴唇喜歡被吻，受到注意。所以一有機會，請在她唇上多逗留一會兒，不要急著接觸舌頭而忽略了它的魅力。放輕鬆，多花時間應付這個靈敏的愉悅器官。

別弄錯了，親吻是絕對的誘惑。要輕佻，累積一些期待感。不要吻得太隨便，慢慢推進到更多親吻。練習吧，男士們！

親愛的，靠過來
一開始先輕吻她雙唇，然後稍微移開。讓她的唇跟你的保持少許距離，讓兩者有時間熟悉彼此。讓她渴望你的唇，挑逗她。

用你的唇滑過她的唇，吸入她的體香。讓她把她的唇帶回你嘴上。當你移開時，如果她雙唇微張，就表示她還想再來。漸漸冒一點險，輕吸她的下唇，從一側到另一側，這邊啄一下，那邊咬一下。以輕鬆柔軟的吻開始，每次回來的時候，停留久一點培養張力。搞定她的唇，就是為長久、熱情的性愛間奏打好基礎。

如果女人不善接吻，老實說——我不會更深入交往。她讓我興奮不起來。親吻高手擅長並用舌頭與嘴唇，不會急著把舌頭伸進你喉嚨裡。

——芭芭拉，25歲，紐約

我有些伴侶一開始吻功欠佳，但是隨著時間而改善。我們用雙唇傾聽，同時討論我們喜歡與討厭的事。

——珍，28歲，洛杉磯

　　如果你們的親吻風格一開始不協調，要好好討論一下。請伴侶在你的身上示範她想要的親吻方式。

唇與舌的舞蹈

　　一旦進入接吻階段，有幾個舉世通用的法則：把舌頭留在自己嘴裡，除非她邀請你進入。如果你必須把她嘴唇撐開才能把舌頭伸進去，表示她不喜歡你伸進去。動作要放慢。

親吻非常重要，因為這是你與女人的初步親密接觸，必然會留下長期的印象。接吻高手不會張開血盆大口，也不會「單點鎖定」。

——克里斯，29歲，康乃狄克州

　　假如一切進行順利，你們倆都忍不住了，你的唇張開，發出喘息無言的邀請：「對，親愛的，進來吧，我們彼此熟悉一下。」收到適當的邀請之後，讓你的舌頭輕輕在她雙唇間遊走，只進入大廳的玄關。起先輕輕地探索，然後當你們的熱情高漲，再深入一點探測。絕對忌諱把舌頭塞到人家喉嚨裡。這不只是令人不悅的入侵，甚至可能嚇到對方。多多練習法式深吻。在她嘴唇上下工夫，慢慢漸漸探索她的舌頭與口腔。

把接吻當作舞蹈。你們的舌頭接觸，一起行動，靠近分開，挑逗兩下再回來。跟上她的步伐，你的舌頭不可以專橫地壓制對方。給她空間呼吸，不要用下顎鎖定的那套。

反過來說，你也不可以在人家的舞池裡橫衝直撞，到最後一步都不聽帶領。與她分享帶領權才是好主意。你帶頭一會兒，然後聽她的，看她喜歡怎樣跳舞。跟上她，累積足夠熱情，你們可能會瘋狂地吸吮對方臉頰。

用你的唇、口、舌進行全程溝通，讓親吻來傳達，確定她聽到的是你想說的。記住，這是最重要的初體驗測試，會留下長久的印象。

味覺與嗅覺：親密的交換

如此親近的情況下，親吻是我們味覺的初體驗。你把唇貼到她的唇，或親吻她臉上其他部位，就會接收到她皮膚與嘴唇的味道。別忘了深呼吸，欣賞她氣味的細微變化。我們訪問的許多女同志都談到女人的氣味是吸引她們的主要原因。皮膚的氣味、唇舌的觸感都可能令人無法抗拒、難以忘懷。

親吻高手一定要很溫柔、充滿好奇心、不急躁。輕輕的舔咬，挑逗的輕嚙。品嚐彼此的氣息。

——寇蒂絲，45歲，紐約

如果你們舌頭交纏，你會嚐到她的味道，她也會嚐到你的。最好雙方都樂在其中，會想再來第二次、第三次。像面對你最愛的甜點一般品嚐她的味道。不過要注意禮貌，避免唏哩呼嚕滿臉口水。

親吻高手要注意口腔衛生、對方的信任與安全感。接吻對我來說

比性交更親密。

不用說也知道，口臭絕對令人掃興，讓你休想一親芳澤，更別提下一步了。當個體貼的情人，得採取必要的預防措施，以免自己與嚴重口臭扯上關係。否則她會失望，親吻必然不順利。一定要給她好味道。

配合韻律感

親吻是性愛前後最重要的事。它讓我了解對方有多放鬆，讓我嗅到對方，知道彼此能否跟上對方的韻律感。

——SJ，36歲，紐約

或許親吻最重要的面向之一就是動作的韻律感。親吻是最甜美的音樂，想想音樂有多少種節奏，就知道親吻有多少方式。親吻可以像漫長遊蕩的性感爵士音符，熱情澎湃的佛朗明哥，快速高亢的重金屬搖滾，急起急停、經常轉調的另類歌曲，穩定深沉的非洲鼓樂，或是甜美單純的民俗歌謠。

直覺又創新的親吻專家，韻律會天天改變，配合自己不同的心情與不同伴侶，還有他們的心情。很多人都有一套自己慣用的韻律風格，但它也會受環境影響。你一定不希望自己像流行排行榜上的歌曲一樣迅速退燒吧？能配合、接受伴侶韻律才可以讓親吻更有趣、更投入。

親吻就是一切！親吻能看出一個人的床上風格。試圖立刻配合你的韻律的人，最可能是體貼的床上情人。會把舌頭塞進對方喉嚨或是流口水的人，不是粗魯就是缺乏經驗（二選一）。我認為親吻是任何性關係中最浪漫最激情的部分。親吻高手會改變他們的方

式：他們會嚙、咬、吸吮，配合你的韻律，帶動自己的韻律……
有創意的親吻者是最棒的。

——貝塔，22歲，底特律

親愛的，靠過來

變化一下。不要一直重複某一個模式，好像差勁的電子舞
曲。你與伴侶之間的慾望改變，應該在親吻中反映出來。
你可以發揮創意，探索親吻的各種面向。在長、慢、深、
淺、變幻莫測的吻之間改變你的韻律。

熱情與能量交換

撇開技巧與實踐不談，親吻的核心本質就是人際親密的能量
交換。你的技巧或許練得像科學一樣精準，但如果換了新對象，
雙方能量無法連接，親吻就不會順利。有時事情就是這樣，不是
哪一方的錯，就是沒有能量與熱情。費洛蒙沒有分泌，也沒有狂
喜的感覺。

但是當能量交換來電時，親吻會讓你眼冒金星。兩人體內的
性與感官的能量會震動，它的威力會以充滿熱情的一吻結合，讓
你們久久難忘。你們的唇、口、舌與全身進行著密集的對話。

用你的雙手輕輕探索：握住她的後頸、撫摸她的頭髮或握她
的手。記住深吻就是你的身體與她的身體結合共舞的時候。拉她
靠近，讓她感到你的熱情。如果你貼近她，心對心、胸對胸，體
溫交接，你們可能陷入無法控制的快感。

親吻對我很重要，因為從接吻就能看出床上功夫……她對你的性
慾多寡，或是巴不得你滾。親吻高手，嗯，應該充滿濕潤、有探
險個性但不具侵略性，或許「好奇」是比較恰當的字眼。

——克莉絲，31歲，紐約

找出自己的風格

　　人人都有自己的親吻風格。很多人會把親吻的方式聯想到性能力。你一定希望自己的風格突出，顯得獨一無二。這最好能夠自然發生，不應該是花太多時間考慮的事。

當一位親吻高手的條件很多，要靠多種風格的完美組合。如果雙方的風格能搭配，加在一起，就有優質的親吻。步調不一的親吻最彆扭了。

——凱蒂，21歲，紐約州西徹斯特郡

　　你的風格涉及很多因素：動作的方式、皮膚觸感、嘴唇大小與質感、運用舌頭的方式，專心的程度，關心對方滿足的程度，喜愛對方、喜愛自己的程度，信心多寡，扮演情人的積極程度，感官敏銳度，喜歡親吻的程度。這些事都會影響你，其中某些可以改變或調整，某些不能。但是重視親吻，注意你的伴侶就是正確的第一步。

親吻高手就是能讓你創造自己個人風格的對象。每個人的吻法都不同，你必須明確告知伴侶你喜歡做什麼、希望對方做什麼。

——潔絲敏，18歲，南卡州克雷蒙遜

進階親吻術

　　當然，基本要素的排列組合有無限多種，親吻也有好幾百種方式。你可以製作一個自己的示範表格。以下提示可以幫你入門，擴充你的親吻領域。

二對一

親吻通常是唇對唇，但是有時候混用，只針對愛人的雙唇之一也不錯。大膽一些，用你的雙唇捕捉並愛撫她的上唇或下唇，專注在它上面。稍微吸一下，讓它進出你的雙唇之間，甚至輕咬一下。別只針對一邊，偶爾也要照顧到另外一邊。要公平！

輕觸

有時候不理會雙唇，探索她臉上其他地方，是改變步調的好方式。這種探索的吻要輕柔乾爽，溫柔地觸及肌膚，然後移到其它地方，讓她欲罷不能。用幾百個親吻輕輕探索她整個臉孔，讓她知道你多麼喜愛她最私人的身體部位。

全身親吻

親吻不是只用在嘴唇。如果你們進入寬衣解帶的階段，加入親吻動作。手、腳、手指、腳趾都喜歡被人親吻、吸吮，背部也是，沿著脊椎骨上下，用柔軟的舌頭沿著整個脊椎移動，在每一節脊骨上畫小圈圈，效果非常刺激，可讓大腦直接感受到快感。別忘了親吻腹部、大腿內側，輕吻柔軟的胸部，在堅挺的乳頭上轉圈、吸吮、親吻。

女士喜歡的捲舌

舌技說多重要就有多重要。但是把舌頭塞進女人的喉嚨裡顯然不是受歡迎的招式。你的目標是要發揮創意、樂在其中。捲舌技的用處就是如此。請試著盡量伸出你的舌頭，把舌尖往你的嘴彎曲，像是邀請的舞步，又像是在引誘喜歡的目標靠近：「親愛的，過來。」這就是捲舌的動作。你可以用捲舌動作探索伴侶口腔的各個角落。這邊一點，那邊一點。或是慢慢沿著上唇邊緣捲動。跟她一起玩捲舌動作比較有趣，感覺也比前面提到的、大多

數女性避之唯恐不及的遲鈍大舌頭要好得多。

原力與你同在

名符其實地分享你的氣息——你的生命力——是一種激烈的接吻方式，讓你完全跟伴侶合為一體。一旦進入激情的深吻，可用這招來提昇氣氛或是收尾。但是這需要十分的專注，只適用於彼此韻律可以配合無誤的伴侶。

首先，你們需要鎖定，嘴巴張開，舌頭保持不動，然後以固定節奏向彼此呼氣。她從嘴巴吐氣的時候，你就把氣吸進來，然後吐回去，如此循環。或許需要幾次錯誤嘗試才能夠抓到要領，可是學會之後，簡直就像創造出一顆跳動的心臟，兩人的身體變成協調運作的心室。你們應該學會從鼻子輕輕吸氣，以吸入新鮮氧氣。這個遊戲無法維持很久時間，但是最能創造一個難忘的吻，深度連結，分享生命力，口對口，肺對肺。

善用雙手

優秀舞蹈家總是能將雙手優雅地融入整體動作之中。你運用雙手的積極程度要看你的床上風格與對伴侶的了解多寡。請把手從口袋裡抽出來，好好利用它們。你可以握她的手，摸她的背部或脖子，用手指上下撫摸她的脊椎，掐她的屁股，把她身體拉近，輕拂她的胸部，或是在咬她脖子的時候撥頭髮。

撥頭髮的時候動作一定要輕柔。對某些女性而言，被人拉開頭髮、露出頸部然後連續親吻頸部是很性感的事。但也有些女性會被嚇到。所以你動手前要弄清楚她的喜好。無論怎麼玩，可千萬別把她脖子扭傷，否則你就要倒大楣了。

安靜的唇

以下是帶點禪意的親吻運動。把你的雙唇貼在她的雙唇上，

不做任何親吻動作。試著用連接的雙唇感受彼此的身體。花一點時間用雙手互相探索身體，但是嘴唇保持緊貼不動。當你覺得忍不住的時候，忍一下，再忍一下。然後分開進行其他活動。

吸血鬼之吻

頸部是激情熱吻的要素之一。耳朵下方或背面連到肩膀上的鎖骨之間，有個柔軟地帶叫做胸鎖乳突肌（sternocleidomastoid muscle，簡稱SCM），當脖子向一側彎曲的時候會稍微突出。你不用記住它的名稱，只要知道在哪兒就好。如果用正確的方法親吻、吸吮、輕咬，對方會有傳遍脊椎的酥麻感，腦中充滿天旋地轉的陶醉感。

不是只有吸血鬼會咬人。時機當然也很重要。這種親吻不是憑空冒出來的，你要去醞釀。一旦進入漫長熱烈的親吻，記得把嘴從對方的嘴移到脖子，等她彎曲脖子的適當時機，吻上去，輕咬她的SCM。別咬傷她！像是輕輕用牙齒夾住的感覺。也別咬破皮膚，害她痛苦尖叫。

這時候是嘗試拉拉頭髮的好時機。輕拉她頭髮一下，讓她露出脖子，然後吸吮它。如果你做對了，她會顫抖、竊笑、嘆息或是熱情呻吟，並且保持脖子裸露。你可以沿著她敏感的SCM一路吸咬，別忘了左右兩側都要顧到。要小心——大多數人不喜歡咬痕（至少不要很明顯的），除非你確定這件事能讓她很愉快，否則不要留下痕跡。

溫柔的吸血鬼式愛咬不僅能讓脖子很舒服，對嘴唇、耳朵、上臂、臀部、乳房、大腿、小腹——幾乎任何有肉的地方都有同樣效果。可別咬太用力！

吸吮耳朵

下一招：吸吮耳朵。有些人不太喜歡，但是老話一句，如果

你做對了，她會融化在你嘴裡。吸她耳朵的時候要小心，不要弄出刺耳的聲響，讓她有魔音穿腦的感覺。這樣很掃興！

要溫柔而堅定，吸她耳朵上端，吻遍整個耳朵，吸她的耳垂。如果她戴了耳環，可能會很礙事，請避開耳環，別把它吞下去了。

如果你想冒個險把舌頭伸進她的耳道，要有技巧，輕柔一點。不要只是塞進去，弄得她濕答答。最好就像剛才提過對待嘴唇的方式一樣處理。別把口水滴得到處都是。通常女人都不喜歡濕糊糊的親吻，無論在嘴巴或耳朵。記住要控制你的口水。

如果你舔她耳朵，舔完立刻輕吹一口氣，她會有涼涼癢癢的感覺。對她耳朵呼氣，說些甜言蜜語，她聽得到。既然你已經在那裡了，就用聲音表達情感吧！

親吻的前奏

好，現在你是親吻專家了。如何順利克服第一次親吻的心理障礙呢？我們現在就來談談。

親吻最重要的就是時機，它是主菜的一部分，你得把親吻變成像雞尾酒與美味的開胃菜。例如見面打招呼的時候給她一個擁抱、親她臉頰，這樣做的話，當晚你會比較有搞頭。當然，前提是約會順利進行。這表示你是溫和、殷勤、有禮貌的人，完美的紳士。女同志就是完美的紳士，跟著她們做準沒錯。吻臉頰不僅無害又很甜蜜。

親愛的，靠過來

美好親吻的關鍵不是等到約會接近尾聲才開始肉體接觸。女同志一天到晚都在觸摸、擁抱，這樣子使轉移到親吻的過程比較順利。

初步接觸之後，想辦法保持下去。兩人談話的時候摸摸她的手臂或手掌。膽子漸漸大了起來之後，輕摸她的大腿。讓兩人的大腿「意外」碰觸，能碰多久算多久，然後偷偷移開。這是親吻前的小開胃菜。

別把她嚇跑，小接觸的時間也別拖太長。最重要的，注意她的反應。這是一種雙向互動，要有你來我往的狀態。

你們進行的是調情遊戲，要建立互信，打破肉體上的尷尬。這些小動作都是在為後面真正的接吻鋪路。如果你下工夫去醞釀，關鍵時刻就會適時出現，要準備好展開行動。

約會之前要做好心理建設與心理上的準備，告訴自己：「當適合接吻的時機出現，我一定會把握住。」如果你做對了，你的大名會永遠留在她心裡的接吻龍虎榜上。

勇往直前：第一個吻

注意發問

如果你無法確定，那就大膽發問吧！在理想的世界裡，「我可以吻妳嗎？」應該只是一個修辭學上的問題。最好等她倒在你懷裡、嘴唇張開等你進攻的時候再發問。這時她應該已經激情不已，幾乎無法回答。她唯一要做的事就是把頭抬高一點湊近你的唇。

快吻我，你這笨蛋

突然抓住她，吻上去就對了。這樣很大膽但是不危險，她頂多就是說「我不玩了」或是掉頭就走。如果她這樣做，請尊重她的決定，不要因此洩了氣。當然，尷尬一陣子是難免的，但是事情很快就會過去，你還要繼續活下去。

這個時刻其實比較依靠預謀而非碰運氣。大多數人都想像或經歷過完美的親吻。時間彷彿靜止。

你們看著彼此的眼睛，只能想到「我要吻她」。你把她拉近懷

裡，看到她眼中的激情。你繼續注視，找到她的唇，輕輕印下一吻。抬起頭，看看她的眼神。如果感覺沒錯，繼續展開纏綿的一吻。

接吻不順利怎麼辦？

對於試探的結果要誠實，如果感覺就是不對，不要東拉西扯，勉強進攻。不要為了想快活一下而強迫對方。如果雙方的親吻風格與口味不合，退一步重新評估才是明智之舉。或許你們兩個還是當普通朋友就好。

親吻重要極了。我剛跟一個完全不會接吻的男人分手……跟他接吻就像親吻自己的手掌一樣。他吻我之後，我就知道我跟他在一起撐不久。接吻高手不會流口水，不會用舌頭讓我窒息，不會吻我之後立刻抓我胯下……接吻高手了解接吻本身的情慾，而非通往終點的方式。

——蘇珊，29歲，紐約

話說回來，親吻雖然重要，也不一定就代表一切。給事情一點進展的餘地總是比較合理。即使我們愛吃蘿蔔，也可以試著去喜歡青菜。多花點時間去學習新伴侶的情慾節奏。

親吻畢竟只是個人品味的問題。沒有客觀、完美、舉世通用的法則。完美的親吻取決於你與伴侶的好惡，還有你們之間的能量。所以如果接吻的感覺不好，攤開來談。告訴伴侶你喜歡／不喜歡怎樣。

如果你們真的很喜歡對方，又能克服尷尬的問題，這樣的對話可以建立長久關係的基礎（至少可以繼續約會），反正試試看又沒有損失。

讓女人難忘的親吻法則

有時候人們一接吻就會來電，像是畢生難逢的命運之吻。有時候就是沒什麼感覺。這種事全依賴能量，捉摸不定，而且無法改變。但是如果你遵守下列的女同志舌技法則，至少不會全盤搞砸。

1. **專心，專心，再專心**。什麼意思？就是要投入啦！如果你表現出好像此時沒有任何更重要的事，全世界彷彿都不存在，那就有75%勝算。真的。不要為了讓小弟弟有搞頭，或是一面想著今年的所得稅申報而急著接吻。純粹為了愉悅而接吻。

2. **要熱情**。如果看不懂，把上一條再唸一遍。

3. **不要滿地流口水**。濕潤邋遢的親吻有時候是好事，但是要小心，尤其是剛開始互相了解的時候。就像其他事情一樣，不了解的領域還是謹慎為妙。如果她討厭邋遢的親吻，你卻把她舔得像融化的冰淇淋，你就出局了。

4. **放輕鬆，跟著感覺走**。探索她，取悅她，用你的嘴與唇了解她。

5. **舌頭不要像死魚一樣**。要活潑一點。尋找接吻對象心不在焉的舌頭最掃興了。

6. **舌頭不要塞進她喉嚨裡**。濕潤的深吻沒什麼不好，很多女人喜歡。但是要醞釀，創造出韻律感。一開始要溫和緩慢，嗅她的氣味，輕咬嘴唇，嚐她的味道。先讓自己熟悉她的嘴，然後才能做冒險深入的狂野親吻。

7. **找出自己的獨門吻功**。親吻就是你的靈魂走出來尋找她的靈魂。你害怕，她會感覺到；你開放而喜悅，她也會知道。親吻是偵測情感的最佳溝通方式。

8. **變化是生命的調味料**。要融會貫通，更重要的，問伴侶喜歡什麼，請她示範自己喜歡的方式吻你。

創造自己的語言

　　親吻就是溝通，是一種身體的對話，是意志，是開放、自然發生之事。它是傾聽與回應的能力，也是控制與放縱的能力。投入、探索、發現、死而後生、東山再起，等待下一個機會。

　　一個動作或聲音就能表達諷刺或隱喻，證明一個觀點，定下規則，說笑話。要多麼狂野？多少快感？用多少舌頭？親吻是一種跳舞與移動的方式，是自我人格的完整表現，要用全心全意投入親吻。

雙峰奏鳴曲

初步的魅力爆發之後，大多數男人專注於「先上壘再說」，通常拼命衝向二壘，然後（通常太快）一心想「直奔本壘」。這種運動精神可能幫你拿到業餘冠軍獎盃，但是無法使你名列最佳情人排行榜。

我們希望到這時候你已經開始反省自己的戰略。你逐漸熟悉了挑逗的微妙藝術，也記得保持「全程都是遊戲」的心情，還加強自己的溝通技巧，然後——向全心投入的觀念臣服了。為了獎賞你，我們要花點時間徜徉在山丘與幽谷之間，就是人稱雙峰的地方。

乳房像指紋

乳房與乳頭像陰戶一樣有很多不同的尺寸、形狀、顏色。在我們的文化環境中，女人幾乎不可能對自己的乳房滿意。不是太大、就是太小，或者不是完美對稱的C罩杯。所以世上才會有魔術胸罩與隆乳手術。

我的乳房讓我非常焦慮，因為它很明顯，總是有人會品頭論足。所以我穿加墊的胸罩，而且非常害怕在新伴侶面前脫掉的時刻。

——潔莉，23歲，巴爾的摩

通過測驗

舊式的鉛筆測驗法對女性簡直是侮辱加上傷害。做法好像是這樣子：女人上身裸體站在鏡子前面，把一根鉛筆放在乳房的下

緣。放手之後，如果鉛筆落地表示乳房堅挺，如果被夾住表示乳房下垂了。

你能想像男士版的陰莖測驗嗎？「各位先生，請把鉛筆放在自己陰莖的旁邊。如果你的陰莖沒有長到橡皮擦的位置，那就是太短了。抱歉！」

我記得有個前男友對著國家地理雜誌的「Tit Shots」乳房寫真報導歇斯底里大笑。害我永遠都不想在他面前脫衣服了。我是說，乳房沒有魔術胸罩撐著的時候就是這樣子啊！乳房就像世界上所有東西，必須遵守重力法則。

——崔西，30歲，紐約

重點來了。設身處地去想一想，你欲求的目標探索過所有性愛協調的可能性，只為了一個男人——就是你。她或許不太了解你，也或許有些了解但是還不到親密的地步。你們已經過了性愛念頭還停在親吻階段的尷尬時刻。手握過了，嘴親過了，舌頭也嘗過了，開始互相急速呼吸。到目前為止還不錯！突然有隻手從她肩膀上溜下來，落在她胸前。她的血壓開始上升，因為她知道觸及乳房範圍就表示要開始脫衣服了，她害怕身上柔軟的山丘無法滿足你的期望。在你衣冠整齊的時候，她開始寬衣解帶，而你不卻需擔心自己身材的問題。

我想我可以算是大胸脯。所以我警覺心非常強。我第一次在愛人面前脫衣服時，堅持他看到我站著，而不是躺著讓胸部鬆垮地垂到兩側的樣子。

——瑪姬，29歲，紐約

就像大多數性愛難題，最佳答案往往充滿禪機：專心一志，

純屬遊戲

It's All Play

注意當下。所有這些老生常談都是真的，尤其是關於被低估的「二壘」奇妙世界。忘了「做愛時重點在進攻下半身」那一套，不論咪咪大小，享受它們就是了。

宛如揭開一件藝術品

就像甜蜜的女同志情人，你揭開乳房遮蔽物的風格決定了其餘事情的成果。像剝玉米葉片一樣匆忙把胸罩剝開，肯定不會讓她注意到你的細心。願意花時間從外面探索乳房的男人，表示他有耐心、有信心而不急躁。

你或許覺得很傻，但是許多女人精心挑選內衣就是為了使你興奮，如果你匆忙略過它，那就太傷她的心了。女人沒穿胸罩的時候也不表示你應該直攻乳房。先用她的衣服撫摸、挑逗它，然後慢慢伸手過去，觸摸乳房周圍部位，一步一步接近。短暫觸摸她的乳房，移開，再回來。

記住這些只是綱要，變化也很重要。直接進攻乳房，拚命愛撫它，也可能很刺激。

親愛的，靠過來
像舞蹈一樣，要讓可愛的咪咪優雅地露面。如果你花時間欣賞它的每一層包裝，她會感謝你。慢慢來，親吻她肩膀的時候分別撥開左右的肩帶，輕輕愛撫她的胸部，然後解開釦子，慢慢脫掉胸罩。保持心情輕鬆，時間多得是。

乳房的禮儀

某些女人喜歡乳房被輕輕觸摸，害怕用力擠捏；也有人喜歡

被按摩，盡情搓揉。有些女人喜歡乳頭被咬、被捏、被夾；也有些人乳頭被羽毛拂過會不禁愉悅的扭動；還有些女人根本不喜歡玩乳房。因為她們的乳房太過敏感，任何直接刺激都無法帶來快感，或者她們對乳房大小形狀的不滿，阻礙了她們樂在其中的能力。老話一句：每個人都不一樣。

我的乳房與乳頭不太敏感。對我來說不是主要的刺激來源。

——泰莉，27歲，紐約

不論該粗魯或溫柔對待，乳房都像陰莖一樣多變。雖然你在很多A片裡面看過，但是捏、扭女性的乳頭可不是興奮的萬靈丹。對於乳頭的事一定要溝通清楚。尖叫很難解釋：是愉悅還是痛苦？如果你不確定，就問吧。愉悅與痛苦只有一線之隔，請確認你走在愉悅這一邊——除非她喜歡你粗暴一點。雙方都喜歡的話，來點小痛苦也很刺激有趣。

摸索她喜好之前，慢慢來，先了解她的身體，跟著線索走。

我不喜歡不加思索地被掐或咬。

——琳西，27歲，舊金山

我喜歡溫柔的咬囓。

——芭比，25歲，華盛頓州亞柏汀

我不喜歡像母牛擠奶似地被捏。

——莉莎，24歲，紐約皇后區

我非常喜歡被吸吮、拉扯、擠捏。

——瑪姬，26歲，布魯克林

我喜歡被咬幾下，但是不能太用力。長期戀情中，偶爾大口咬很不賴，有時候乳房上的咬痕很有趣。

——克莉絲蒂，31歲，德州華戈市

在你打算動口之前，先讓手指去探探路。最好先用柔軟的指尖跟她的乳房接觸，不要瘋狂進攻、像饑民一樣狂吸乳頭。對乳房要輕柔。這樣子她才有被欣賞的感覺，也讓她對你放心一點。

有時候男人只對某一邊的乳房下工夫。那是羞辱，表示他根本不打算停留足夠時間讓兩邊的乳房得到滿足。

——卡蘿，39歲，奧克拉荷馬市

愛撫兩邊乳房要有平等的時間！記得從一側換到另一側。轉換之間要有節奏。

親愛的，靠過來

用你的指尖撥弄、愛撫，使乳房達到亢奮的狀態，當她以為你要低頭吸吮或扭轉她的某側乳頭，轉到另一邊去，讓原先那側渴望你回來。

乳頭：天然溫度計

好，現在講到乳頭。男人喜歡堅挺的乳頭，女同志也喜歡。乳頭充血表示興奮對吧？不一定。她可能只是緊張或覺得冷。

挺立的乳頭很漂亮，但是別把它當作她已經慾火焚身、準備好性交的絕對指標。要知道，女性生理期之前的幾天，乳房跟乳頭都會脹大，這段期間會變得特別敏感。如果你的伴侶叫你輕一

點，別介意。她的乳房在生理週期的不同時候需要不同的對待。

經前症候群的時候，我痛恨任何東西碰到我的乳頭。

——蘿拉，26歲，麻州劍橋市

乳頭既然是天然的溫度計，何不利用它的敏感度？不同溫度能引起乳房的不同感受。冰塊對乳頭就很有效。用冰塊摩擦伴侶的乳頭，然後用嘴唇包圍來點溫暖的吸吮。也可以用溫暖的按摩油或冷的薄荷油擦在乳頭上，然後對它輕輕吹氣。

親愛的，靠過來
用吸舔方式沾濕她的乳頭然後吹氣，冷空氣會使神經末梢收縮。這是高級技巧，做對了會非常舒服。不要認為玩弄自己的乳頭就不酷或喪失男子氣概，要讓她有機會回報你的服務，探究你乳頭的感官極限。

乳暈的學問

就像陰道經常是較缺乏經驗的男人賣力的焦點，乳頭也同樣容易吸引注意力。乳暈（areola）如果會說話，一定會發出抗議。乳頭周圍這個敏感可愛的有色組織，其實充滿了發出快感的神經末梢。

女人的乳暈可能很寬或幾乎沒有，顏色是粉紅或暗褐。無論什麼大小或顏色，它都是多種微妙反應的發射台。事實上，乳暈可能比乳頭本身還敏感，值得你花時間關照它。記住要給這個環狀區域、天堂的光暈，多一些愛護。

我喜歡伴侶把舌頭繞著我乳頭周圍打轉，讓我的乳暈又硬又緊。
——金姆，28歲，德州奧斯汀市

　　不要忘了乳暈外緣周圍的小疙瘩，這些是非常敏感的小毛囊。沒錯，別讓《Playboy》雜誌騙了，有些女人的乳頭是有毛的。用手指輕輕在乳暈上畫圈。乳頭加乳暈的顫慄快感可以一路傳到陰蒂。

我光靠乳房遊戲就可以達到高潮。
——英格，32歲，密蘇里州聖路易市

親愛的，靠過來

刺激乳房就像初步的吹簫，有技巧的女人會挑逗玩弄你直到爆發邊緣再放手，反覆多次，最後讓你在高潮中釋放出來。乳房遊戲也一樣，要把愛人帶到邊緣再回來，經過很多挑逗動作才把乳房完全含入口中。

取悅乳房十大絕技

1. 輕柔開始，步調放慢，不要把腰部以上的功夫當作勞役或是打炮之前的墊腳石。性愛不是只有插入。
2. 尊重對方。不要在未經邀請的情況下擅自動手。換句話說，不要直接把手伸進人家胸罩裡面，開始搓揉。挑逗與移動是乳房遊戲的兩大關鍵。
3. 注意肢體語言，不要照本宣科。要有創意，別只是隨便捏捏。乳房遊戲不是握手，要問她喜歡什麼，請她示範希望你怎樣觸摸她。
4. 給她感情的愛撫，而不只是肉體的撫摸。大情聖，請告訴她她

的乳房有多麼美麗。無論大小如何，請把你的頭埋在雙峰之間讚賞它們。

5. 製造懸疑與戲劇性。要挑逗，別急著衝向終點。例如從乳房轉向她的脖子，然後到嘴唇，再到另一邊的乳房。或者低頭吻她肚臍或周邊，然後回到另一邊乳房。

6. 刺激她所有感官。很多東西適用於乳房：冰塊、蜂蜜、芒果、香檳、芳香按摩油……

7. 不要落入可預測的模式。用你的創造力讓她目眩。把下一章「性感按摩」專文介紹的不同愛撫用在她身上。用同心圓排列的連續親吻接近乳頭，然後發動奇襲——無預警、毫不留情——讓她無法呼吸。

8. 如果她喜歡，不要怕變態或粗暴的玩法。例如捏或扯她乳頭，用皮帶末端打她屁股。你也可以用夾子或電動按摩棒之類的玩具對付她的乳房。

9. 如果你進入其他活動，不要忘了乳房。讓它在性愛之舞中保持活躍。記住，你是與她的整個身、心、靈做愛。很多女人喜歡乳房與生殖器同時受刺激，所以當你的嘴忙著爲她口交的時候，別忘了用神奇手指愛撫她的胸部！

10. 做愛結束的時候，最後一次愛撫她的乳房。

用輕柔、無法預測的動作在乳房與乳頭做實驗，變換速度與方式，以咬、舐、捏、偶爾一口吞的方式讓她迷惑，讓她乳房接受舌頭撫觸與愛的洗禮。

自慰：不只是獨角戲

　　每個女人對於喜歡被觸摸的方式有不同需求。我們已經討論過溝通需求與慾望的重要性，現在我們要了解語言永遠無法取代的示範。把自慰納入性愛的範圍，是享受彼此身體、當場學習伴侶喜好的絕佳方式。

跟伴侶自慰是我最愛的事情之一。因為我知道一定能高潮，所以非常激情，而且我從伴侶的技巧中學到很多取悅她的法子。

　　　　　　　　　　　　　　　　──凱莉，25歲，舊金山

我不會為伴侶自慰，因為我覺得找伴侶的目的就是不必自慰。

　　　　　　　　　　　　　　　　──茉蒂，20歲，田納西州曼菲斯

　　自慰不是自我放縱、浪費時間，也不是只為了暫時沒有性伴侶或是情緒低落的人才存在。自慰對你與情人而言也可能是自我發現與自我表達的重要方式。

鼓勵她認識自己的身體

　　自慰是一個男性比女性活躍的性愛領域，至少男性的態度比較開放。大多數女同志不排斥自慰，因為她們有很多機會觸摸陰戶，而且很喜歡。此外很多異性戀女人也有健康的自慰慾望。

　　但是某些異性戀女性對觸摸自己的生殖器的確有所疑慮。有些極端的女性甚至不願採用子宮帽或子宮頸塞作為避孕工具，因為塞入體內的時候都需要接觸自己的陰戶。

　　如果你的伴侶從未達到高潮，或許只是因為她不懂方法，而

不是無法高潮。學習如何高潮的最佳方式——也是指點你如何幫她高潮的方式——就是自慰。

讓她探索自己的身體，用不同方式觸摸自己，看看怎樣感覺比較舒服。如果她從小被灌輸負面觀念，可能會排斥自慰，甚至堅持不願自慰。這時就需要你的鼓勵與支持了。

成為自慰教練

她很喜歡我把她的手移到兩腿之間。

——約翰，35歲，加州帕沙迪那

她獨自做起來或許不太自在——但是可以跟你一起做，當作性愛的一部分。讓她為你示範她喜歡的撫摸方法。如果這樣做讓她無法得到高潮，向她解釋，看她如何讓自己高潮會對你很有幫助。

告訴她過程中你會在一旁陪伴並願意提供任何協助。這可能包括吸吮乳房、愛撫身體、接吻、猥褻言詞或以上皆是。當個好教練吧！

如果她遲疑不決，你就要積極一點。選擇她最放鬆的時候，例如，你們正在接吻、愛撫或其他刺激的時候，等待適當時機，輕輕把她的手帶到胯下。把你的手放在她手上，一直留著。如果她的手像車燈前的小鹿一樣被嚇呆了，請繼續以你的溫柔方式，帶動她的手，幫助她步上軌道，讓她去觸摸自己。如果她真的很不願意，就不要勉強。

在最理想的情況下，她會樂在其中，甚至沒發覺你的手已經拿開，一路刺激自己到達高潮。注意看著，以便往後你可以重複這個過程。

如果上面說的都不管用，買個電動按摩棒送她，當她的按摩棒教練！

我喜歡她一面自慰一面看著我自慰，這是親密關係的高等形式。

——賴利，61歲，田納西州某鎮

我跟伴侶一同自慰，也幫她自慰，因爲這樣帶來戀情中很重要的某種親密感。此外也涉及一種信任感，同樣很重要。

——潔絲敏，18歲，南卡州查爾斯頓

給她愛的沐浴

水也是優良的情趣玩具。許多女人自慰的方式就是把洗澡水沖到陰戶上。很多女孩子小時候就是這樣學會自慰的，某些人還會因爲童年時代的聯想而興奮。

如果你想爲她服務，準備好沐浴用具（除了水以外）。點燃蠟燭，撒上玫瑰花瓣，焚香，在浴缸底靠近水龍頭的地方放個浴用靠墊，讓她不至於屁股瘀青。

如果你家沒有浴用靠墊，大毛巾也行。帶她進場，打開水龍頭，讓她調整到舒適的水溫。陰戶通常不喜歡消除疲勞時用的高水溫，我們可不希望燙傷她的「小妹妹」！

她可以坐在靠墊上，屁股靠到水龍頭下，讓水流經過她的陰戶。你坐在她身後讓她靠著，或是她雙腳高舉在牆上、頭放在你身上、胯下直接受水流衝擊。你的角度剛好可以看得到，同時出手幫忙愛撫她乳房、身體或頭部。

跟她說話，鼓勵她，告訴她看起來有多美。水流沖過陰蒂的時候看她的身體動作。放輕鬆欣賞她的愉悅，等候洗澡水放滿。很多女人這樣子就能達到滿意舒適的高潮。

我喜歡看她如何摸自己，看她蜷曲滿足的樣子。通常面對她的時候看不到女體這樣可愛的姿態與動作。

——布萊恩，30歲，紐約

展示解說與生殖器按摩

還記得小學時代的「展示解說」（show 'n' tell）課嗎？帶著你最喜愛的東西與全班同學分享，多麼有趣啊！還記得你的同學帶了什麼有趣的東西嗎？

嗯，現在就讓時光倒流，玩玩特別的展示解說。你一定還記得，當你遇到住在附近的女同學，其中一個人總會說：「如果你的給我看，我的就給你看。」

這是回歸童稚自我，在過程中了解伴侶身體的好方法。如果你們喜歡，這也是互相手淫的另一個好方法。你們只需要找個舒適的場地，一面立鏡與很多時間，加上注意力即可。

輪流展示你們的生殖器給對方看。你們可以面對面坐著，或是並肩坐在鏡子前面。鏡子很有用，當你向對方敘述自己生殖器各部位（還有為什麼喜歡它）的時候，兩人都可以看到你指的地方。你可以逐一指出什麼部位喜歡什麼感覺。就像為伴侶畫出一幅快感地圖。

你們輪流看過對方並且發問之後，可以繼續做生殖器的自我按摩。這跟自慰不同，但是也可能令人興奮。你們不是為了高潮的目標，而是為了按摩而按摩，喚醒神經，釋放累積的壓力，欣賞自己的生殖器。

兩人應該要貫徹始終。用一點按摩油，要顧到生殖器每個部位。女性可以撫摸或拉外陰唇，捏或拉小陰唇，繞著陰道口畫圈，撫摸整個陰戶的範圍，按摩會陰與肛門。也可以放根手指到陰道或肛門裡，按摩它的內壁。下一章會討論到更多按摩生殖器的細節。

男士們，別把它當成自慰，給自己來點真正的生殖器按摩。照顧每個平常不會碰到的地方。你可以揉捏睪丸與整個陰莖，用雙手手指夾著，從根部到頂部慢慢撫摸，然後按摩會陰與肛門外

圍。如果你不排斥，就把手指伸進肛門按摩內壁。

　　按摩油可以幫助潤滑，但是別用太多以免太滑。自我按摩之後，你們喜歡的話，可以繼續互相手淫。如果要用到保險套，記得先把油洗乾淨，套子才能牢牢套住。

把手放在自己身上

我認爲在情人面前自慰或是看他自慰，是很棒的催情法，也很有教育性。尤其在交往初期、互信程度不高時，自慰是進行安全性愛的方式之一。自慰萬歲！

——金妮，52歲，佛州坦帕市

看某人讓自己達到高潮眞是酷斃了！讓我有偷窺的快感，又有被信任的感覺。

——蘇珊，29歲，紐約

　　互相手淫是了解伴侶的香豔方式之一，可以讓你知道她喜歡怎樣被觸摸，也告訴她你喜歡的方式。很多人需要相當的互信程度才敢做，因爲這是跟別人分享很私密的行爲。能互相學習又能同時興奮，因爲看得到對方，沒有比這更好的方法了。

　　放輕鬆，不是每次都要性交不可，試試別的路。事實上，互相手淫就是性交的一種特殊形式。喚醒內心的窺淫癖，就近觀賞夢寐以求的最佳互動秀吧！

創造完美的手淫氣氛

　　先佈置一個兩人都喜歡的環境。你們可以洗燭光鴛鴦浴，擦洗對方，吻對方身體。光是這樣就可以開心玩上一整晚。但是在進入浴室下水之前，要佈置好稍後要使用到的空間，薰香、浪漫

燈光之類的（不要讓蠟燭在無人的房間燃燒——小心火災！）。這樣子讓整晚的流程銜接順暢，到處都能維持你們所營造的氣氛。沒有人喜歡離開溫暖甜蜜的燭光浴室隨即進入光線刺眼的臥室。要確保每個空間都準備好了。

如果喜歡，也可以在浴室裡就開始自慰，水的阻力可能削弱你們的快感，看做法而定。水不是優良潤滑劑。或者就把彼此洗乾淨、放鬆、玩玩水好了。當你們準備好出來，就進入了溫暖、香噴噴，彼此取悅的聖地。

一起定出規則，或許你的規則是「百無禁忌」，如果你沒有什麼把握，我們有以下建議：

1. 把手放在自己的生殖器上，沒有例外！
2. 嘴與生殖器不能碰到對方。
3. 可以說鼓勵或挑逗的話，這是一個互相支持的活動。
4. 無論耗時多久，兩人都用手自慰到高潮。

你可以採用上述條文加上自訂規則。稍後你愛怎麼玩就怎麼玩，但是現在是兩人世界，只有你的身體與你的快感。

可以播放兩人都喜歡的音樂，也可以在寂靜中進行以便專心。我們提出第四條是因為遊戲的目標之一，就是找出你們喜歡怎樣的刺激，把心得運用在未來的性行為上。不要有壓力！

坐著比較舒適又可以看到彼此。面對面很重要，這樣才能接收彼此身體散發出來的激情。你們可以用腳或腿接觸。保持遊戲心情，享受樂趣，欣賞你的伴侶，滿足你潛在的窺淫癖。雙方同意的話，趁機實踐性幻想也不錯。你們可以設計自己喜歡的狀況，只要在一起自慰就行了。例如假裝兩人之間有一面玻璃，玩偷窺秀。無論怎麼玩，都會成為你們倆難以忘懷的回憶。既能更加取悅對方，又能促進親密關係，兩人都有所收穫。

有位女士分享下列故事，顯示如何在情趣遊戲中溝通：

情人為我做過最性感的事，發生在第一次約會。她是男人婆，我完全被她的自信吸引，知道她一定能給我不同體驗。我越來越興奮，準備不顧一切跟著她走。

約會日終於到了。晚餐後她提議回我家，我照做了。聊天、聽音樂好一陣子，她又要我放一些自己喜歡的性感音樂，點燃幾根蠟燭。我立刻照辦，一面猜想她想幹什麼。

接著她脫我衣服，一次一件。先是要我脫襯衫，接著皮帶，然後長褲，脫完之後，她暫停一下欣賞我的身材。我潛意識中的暴露狂興奮極了，樂意從命。她要我躺在她旁邊，對我身上的性感帶做出有史以來最徹底的調查。這只是我們第一次約會耶！

接著她盯著我的頸與臉，用不同的方法觸摸、親吻我的每個角落與曲線，逐一問我喜不喜歡。她要我從1到10評分（滿分是10），作為答覆。

「妳喜歡像這樣吻妳脖子嗎？」

「喔，7.5分！」

「像這樣咬妳脖子呢？」她說，咬咬我的脖子。

「嗯，9.5分！」

「喜歡像這樣舔妳胸部嗎？」

「嗯，7分。」

「像這樣拉呢？」

「哦，有9分！」

她一路沿著我手臂、腰、手掌、胸部、軀幹、腹部、大腿，直到我的腳趾與腳底。翻過我的身體，從我的臀部、背上的每一吋到頭部。一處也沒錯過。

然後她停手。我想吻她，但她阻止我，真是誘人。別忘了，這時她仍然衣冠整齊。重點來了。她要我示範平時如何自慰。

「我都用電動按摩棒。」我說。

「好，拿出來用給我看。」

我露出狡猾的微笑，伸手到床下拿出按摩棒。她的眼睛眨也不眨，我靠著牆開始自慰。

「喔，別忘了高潮前要先讓我批准。」她一本正經的說。

「什麼？」我說。

「妳要申請許可。快要高潮的時候，先通知我。」

我從來不用申請許可。但我是乖乖牌，而且玩得正開心，一點也不清楚會發生什麼事。誰比較強勢已經很明顯了，我倒無所謂。她知道我被她的自信、以及自己所處的優勢地位所吸引。

我為她表演自慰，在高潮之前被打斷了三四次。她終於批准我高潮，把耳朵湊到我臉上以便聽清楚。我達到非常強烈的高潮，如火山爆發般的釋放。

那是我生平最性感、最肉慾的一次經驗。成功的關鍵是她對細節的重視，她花時間熟悉我的身體，盡力找出喜歡或不喜歡的事，從中逐步學習如何碰觸我的身體。

我是急著脫衣辦事的人，但她阻止我，引進她的權威，事後我感激不已。那晚我也學到關於她的很多事，她是我一生中最棒的情人之一，尤其在性事方面。

如果人們能養成花時間了解情人的習慣，探索她的身體，聽她說話，看她取悅自己，單純地與她相處而不是急著達到目的，那麼性愛會提昇到相互愉悅的新領域。

這不表示她心裡沒有目的，但是她的目的是了解我、我的身體和我的慾望。這就是熱情滿意的戀情的基礎。

　　以上是你如何在正確狀況下了解伴侶的範例之一。這種事顯然需要許多信心，你做起來或許不一樣。請自己想出與情人熟悉的概念與步驟。

我們已經給了你提示，請自行引申，運用之妙，存乎一心。多聽多學，融會貫通！怎樣使性愛更美好？如果你了解她，就能滿足她！

第四章　莎孚之愛：女同志的性愛藝術
Sapphic Arts

性感按摩

　　身體的接觸不僅非常重要，對身心發展也很必要。我們已經知道，嬰幼兒時期若缺乏長輩肢體接觸會妨礙發育，有時後果還很嚴重。

　　我們都需要關愛的接觸。跟他人進行身體與能量的接觸是有療效的，例如一個簡單的擁抱就能治療煩悶。

按摩非常性感，讓我覺得他就喜歡我身體現在的樣子，而不是為了性。

——蜜雪兒，30歲，加州薛曼橡樹鎮

我跟女友喜歡互相按摩。我們用蠟燭、薰香、音樂創造一個輕鬆的空間。不僅讓我們倆消除緊張，而且用這麼親密的方式服侍她的身體感覺好極了。

——妮琪，25歲，蒙特婁

　　充滿關愛的全身按摩讓我們感到溫暖、輕鬆、滿足、活力充沛。如果你們的親密關係還沒有加入按摩這一項，現在就是嘗試的最佳時機。

實際操作

　　按摩在許多女同志戀情中舉足輕重。按摩是一種感官接觸的形式，不一定有性慾的成分。它是自我調適、與伴侶連結的好方法，也是建立互信、容許別人以親密手法接觸我們身體的方式。

　　有時候情侶們因為懶惰不幫對方按摩，有時候則是因為害

羞，對自己手法缺乏自信，不想被人發現是按摩白痴。

按摩是愛的接觸。愛的接觸是情人的基本。對我們而言，某一人需要或想要按摩或被按摩的時候，它就會發生。這也可以算是前戲的一部分。她喜歡腳部按摩，我也喜歡按摩她的腳。當女人對你伸出她的腳，就是親密關係的邀請。

——李，54歲，伊利諾州北溪鎮

本章會教你幾招基本式，讓你永遠不必因為心虛而說不。成為好情人最重要的一點就是給予。

別偷懶，撫摸的力量是世上最神奇的療效，也是壓力舒緩器，比任何市售成藥或處方箋都棒。

挑起色慾感官

性感按摩就是要放鬆，舒緩身體的壓力與僵硬。對健康與身心很重要。

親愛的，靠過來

按摩也可以非常色慾、挑逗、具有療效並且充滿刺激。按摩不一定包括生殖器按摩，也不一定要以性行為收場，但是很可能導致高度快感與高潮的刺激。它可以打開性愛的核心，建立互信與熟悉感，讓性愛更加愉快。

經由你的觸摸與她的回應，你會發現伴侶喜歡哪種撫摸，喜歡多大力道，哪裡很僵硬，身體哪部分需要特別下工夫。這種肢體溝通可以開啟你們的性關係以及一般的關係。

創造儀式

我想伴侶能為我做的最好的事就是按摩我的身體。不僅創造兩人之間的親密感，而且也更能了解自己。按摩好像喚醒了自己身體的每個部分。

——克勞蒂亞，22歲，紐約州紐洛徹

溫暖、舒適的環境是關鍵，體溫會在按摩時下降。如果她覺得冷，身體會緊繃，就會抵銷一部分按摩的效益。多準備幾條毛巾，讓你按摩過的地方保溫，還有幾個墊在頭下或膝下（仰躺時）用的枕頭。輕音樂、燭光、柔和的燈光都能創造安全、愉悅的環境。

按摩油

按摩油能製造高效率、低摩擦的觸摸。你可以用化學調味的精油或是有機的向日葵或杏仁油。初次接觸時，先確認你的手掌是暖的，如果不是，搓搓手掌暖和一下，然後將油滴在掌心，繼續搓暖。甚至使用前可以把整瓶油放在裝熱水的咖啡杯裡燙熱，只要花幾分鐘應該就夠了。

歡喜做，甘願受

為愛人按摩的時候不要期望回報。她可以改天再回報這份情。心甘情願地做，你的回報就會因為你是如此愛護她身體而得到喜悅。

親愛的，靠過來
美好、舒服、輕鬆的按摩之後，最該避免的事就是起身用剛放鬆的肌肉為另一個人按摩！這完全違背了按摩的意旨。按摩應該是一份贈禮。

第一次接觸

當你開始按摩，要確定你的能量集中了。深呼吸，感受踩在地上的雙腳，忘了所有俗務雜念。好的按摩像好的性愛一樣要完全專心。

這也是你拋開自己的壓力，專注在伴侶而非自己身上的機會。動手之前花幾分鐘看她的身體，專心一志，看她的身形，注意任何僵硬的部位。

第一次接觸可以簡單地把手放在伴侶的身上。從她的下背部開始，沿著脊椎往上，一路增加力道，叫她呼吸放輕鬆。

最先的接觸是要跟她產生連繫感，帶給她安全感，感受她的身體。

按摩之道

按摩的時候，每次只能在一個區域下工夫，然後轉移陣地。你可以從她脖子與背部開始，然後轉到她大腿背面，讓她翻身，然後按摩身體正面、大腿正面、手臂。

別忘了她的手與腳！每個區域都要注意，在需要的地方多停留一會兒，然後大面積撫摸整個區域做結束。盡量少說話，保持寂靜或輕鬆的音樂，讓她能躺著放鬆。

最終接觸

用長久、溫柔、跨過多個區域的撫摸結束很好，然後用羽毛般的撫觸輕拂她的身體。

如果她仰躺著，一手放在她額頭，一手放在她恥骨上方，靜等一分鐘聚氣。然後慢慢舉起雙手滑過她的身上，貼在皮膚上但是別碰到。叫她準備好就張開眼睛。如果她俯臥著，你可以把手放在她後頸與股溝，程序相同。然後你讓她獨處或是躺在她身邊抱她。

親愛的，靠過來

如果你從來沒有按摩過，出去馬一下是個好主意。比起我們在這兒解釋半天，你可以從受過訓練的專業人員身上，學到更多觸摸愛人身體的技巧。你的技術也會進步，因為你知道不同的撫摸會給人怎樣的感受。

不同的撫摸方式

長時間撫摸

以下兩種方法是用來撫遍伴侶全身的撫摸，從臀部到肩膀上，或從腳踝到臀部。如果伴侶仰躺，你可以用這些技巧從肩膀越過乳房到下腹末端。撫摸她的臀部時不用害羞。在關節這些敏感部位不需要用任何力道——輕觸她的膝蓋、手肘、手腕與膝蓋周圍。

平手（Flat Hands）——我們本能上用來摸背的摸法，也是展開按摩流程的好方式。手掌平伸放鬆，往前推時用力，收回時放輕，手掌根部著力最多。因為接觸面積大，背部的感覺會很好。雙手放在脊椎兩側的臀部上，向上往肩膀摸，收回時轉到外側。如此使她放鬆並準備接受較深的撫摸。

杯手（Cupped Hands）——這種方式適合腿背面。小腿很敏感，因為大多數人在這兒蓄積壓力。雙手合攏，拇指相連，十指指向同一方向，從腳踝上方開始。把手窩起來配合她的身體曲線，沿著腿摸到臀部。像平手的技巧一樣，往前推時用力，收回時放輕。這種模式可把身體廢棄物帶到負責排解的淋巴腺。

擠捏

擠捏技巧對腿、臀、肩膀很有用。扭擠可以釋放壓力，放鬆

肌肉，解開因為緊張、情緒低落形成的糾結、或體內其他不平衡狀態。若不排除，就會一直留在體內，造成疼痛不適。

杯手與擠捏（Cup and Squeeze）——用一手抓住伴侶腳踝固定，另一手沿腿的外側往上擠壓，接近臀部時手腕往上翻。然後換手，在腿內側再做一遍，接著換到另一條腿。

雙管齊下（Going Both Ways）——這是腿的另一享受。把雙手放在她臀下，手腕併攏，一手手指向下指向大腿內側，另一手手指指向大腿外側。用手掌根部壓，腿的兩側都要，然後手收回併攏。用這動作按摩整條腿，一次移動一個手掌寬的距離，然後換另一條腿。

雙手交叉（Two-Handed Cross）——適合按摩臀部的大塊肌肉。雙手放在其中一個臀峰上，拇指併攏，用掌根前後在臀上移動，另一邊臀峰當然也要。你也可以用這動作上下按摩腿部。

絞扭（Wringing）——兩手並用，間隔一到二吋，像擰毛巾一樣絞扭對方的手臂或腿，沿肌肉上下移動。別忘了問她多大的力道感覺最舒服。

搓揉（Kneading）——開始移動之前，利用身體的重量做這個動作比較輕鬆，適用於任何肌肉。把對方肌肉夾在你的拇指與其餘四指之間，開始揉捏，要有韻律感的揉捏對方肌肉。緩慢深沉的撫摸能幫助排除緊繃與毒素。較快的撫摸比較刺激，能活化身體。你可以揉捏整塊肌肉區域或專攻單點。

關節技

運用關節按摩能到達難以觸及的地方，像是肌肉交會處或是肩胛骨下方。對於特定區域也很好用，像胸部上方、後頸與肩部，用關節按摩腳底很舒服。

關節之下（Under the Knuckle）——你可以用一兩個關節做圓周運動，深壓一個定點以解除緊繃。我們前面說過的緊繃結經

常是壓力來源，應該常常按摩。你也可以握拳，用關節做滑行動作，在大腿背面、臀部等肉多的部位非常有效。

敲擊

敲擊動作可以打散體內毒素與脂肪聚集之處，喚醒一個區域。要小心，避開受傷或有骨頭的部位。敲擊對臀部與大腿很安全，對斜方肌（trapezius，就是你背後肩膀上、脖子後的地方）也很有效，很多人在此蓄積了不少壓力。好的敲擊技巧的關鍵就是手跟手腕要放鬆，節奏要穩定。

重擊、輕敲、剁（Pounding, Tapping, and Chopping）——這三種很類似，主要的差別是手的位置。請兼用這三種，迅速持續地敲擊皮膚。重擊是用輕握的拳頭，剁就像空手道的手刀，輕敲是用指尖輕輕撞擊——適合輕柔的喚醒或是敏感多骨的區域，對頭皮也有效。

按摩讓我知道了情人身體的許多事情。我知道她哪個地方容易僵硬，哪個地方是性感帶。

——凱莉，27歲，威斯康辛州麥狄遜

其他技巧

畫圈（Circles）——用指尖在一個地方慢慢地畫小圓圈。

捏與拉（Pinches and Pulls）——輕輕捏著一塊皮膚，拉起再放開。在一個大區域重複捏放動作，能放鬆肌肉，打散僵硬。

羽毛（Feathers）——又長又軟的羽毛式撫摸是收尾的好方法。用你的指尖撫遍伴侶全身，延伸直到四肢末端，逐次減弱力道，一直到好像在皮膚上方虛晃。如果你有大支的鴕鳥羽毛（有些貓用玩具就是鴕鳥毛做的），也可用它輕輕慢慢地撫摸皮膚當作收場。

按摩生殖器

當你對另一個人產生性趣，生殖器部位會接收到感官的誘惑。大腦跟心裡或許被別的事占據，但是先有感覺的應該是胯下。可想而知，每次求愛被拒、被拋棄、失望都會鬱積在生殖器部位。

我們的私處也有壓力點，會像身體其他部位一樣蓄積壓力。一層又一層的痛苦挫敗、失望、不滿足可能導致能量阻塞，按摩生殖器就能予以消除。

大多數的按摩會略過胸、臀、私處等重要部位，因為這些是性的部位。對，這些地方與性愛有關，但是也像其他部位一樣需要按摩與接觸。我們都習慣自慰、刺激、玩弄自己生殖器，但是並沒有太多機會拋開性興奮的目的，純為按摩而按摩。

如果你為喜愛的伴侶按摩，別漏掉她的生殖器部位。就像按摩其他地方一樣溫柔按摩她的陰戶。按摩目的不是為了性興奮，但如果你做得好，難免會有點兒興奮。按摩陰戶釋放可能蓄積在此的壓力。如果她的生殖器放鬆，會像花朵一樣綻放，如果按摩完了還有體力，這也是最佳的做愛前熱身運動。如果有一人沒力氣或沒心情，只要互相擁抱、自然入睡就好。

生殖器按摩

徹底把雙手洗乾淨（指甲也要修剪乾淨！），把加溫的油倒在手心。先放一隻手在她陰戶上，另一手放她胸口上一會兒。開始從她肚子到恥丘、大腿上端按摩。花時間在恥丘與大陰唇全體上緩慢穩定地畫圈圈。偶爾捏一下陰唇也可以。用拇指與食指輕輕招捏、摩擦她敏感的大小陰唇。左右兩邊同時做，慢慢來，沿著陰唇上下其手。

把兩手拇指放在陰蒂柱的兩側，直伸到小陰唇的裂縫，在門

口做圓形摩擦，小心別碰到尿道。慢慢地、循序漸進、有節奏地用拇指尖畫圈，直到每一吋陰唇都按摩到了。

大陰唇得到充分按摩之後，把一根食指伸到陰道裡，在開口附近就好，畫小圈圈沿著陰道內壁按摩，像時鐘一樣在每個鐘點的位置停一下，一點到12點。動作要輕，順時鐘一圈之後，手指再深入一點繼續按。做完之後，把手掌覆蓋在陰戶上一兩分鐘。或許你會感覺到她的心跳，因為血液會流向她生殖器。

注意，這可能對情緒有強烈衝擊。對方可能累積了痛苦、施暴、車禍等情緒。這種按摩可能打開情緒的出口，讓她嚎啕大哭。如此釋放情緒能使你的伴侶更信任你、更熱情。

喜歡按摩的好理由
1. 這是你們一起度過性感優質時光的儀式，純粹欣賞愛人的身體而不求回報。
2. 有趣又舒服，也不用花錢租A片。
3. 重點在過程而不是結果。
4. 是一種安全性愛的形式。
5. 幫助你們學習用身體溝通。
6. 使你更加了解愛人的身體、喜歡的觸摸方式與性感帶。

按摩是與伴侶在肉體、性愛、情感上合為一體的安全方式。請讓它成為你生活的一部分。

多多指教：讓你成為金手指

你知道女人爲什麼喜愛音樂家？因爲他們有創意，而且靠嘴巴與雙手謀生，實在太性感了！如果你開始把自己雙手想像成鋼琴師、吉他手或雕塑家的精緻準確的工具，一定大有幫助。不要低估了雙手讓伴侶樂不可支的力量。

親愛的，靠過來
穩定的手比一千次高潮還珍貴。你的手是創造快感的工具。相信你自己的手非常敏感而且能成為你另一項愛的手法，就能踏上成為名家的道路。

關鍵掌握在你手中

女同志性愛專家蘇西布萊特（Susie Bright），是吉娜格荀（Gina Gershon）與珍妮佛提莉（Jennifer Tilly）主演的賣座女同志電影《驚世狂花》（Bound）的性愛顧問。這差事可不容易！吉娜飾演一個性感的男人婆，蘇珊對她與導演提出的建議是：要塑造可信的女同志形象，關鍵全在手上！

信不信由你，很多女人會注意別人的手，幻想它摸在自己身上會怎樣、是什麼感覺。女性的手通常比男人柔軟。我們訪問的女同志都說這是選擇女性性伴侶的優勢之一。女性的皮膚比較軟，所以喜歡被柔軟的手撫摸。只是有些女人也愛粗糙的手。雖然好惡細節不同，但是雙手肯定非常重要。

通常在我高潮前，如果抓得到，我會用力握住伴侶的手。這讓我覺得安全又親密。

——潔米拉，34歲，費城

太多男人沒有真正用手探索過伴侶的身體。他們接吻後就直接伸進褲底，頂多在她乳房稍微停留一下。如果你也有過這種不上道的行為，不要再犯了！

她需要整個身體被觸摸、喚醒，從她脊椎延伸出來的每個神經末梢都要撫摸。花點時間碰她、摸她、按摩她，愛她的全身，一吋也別錯過。女人不會輕易放棄手技高明的稀有男人，至少難以忘懷。

無論做什麼，要一直注意雙手的位置。無論雙手靈不靈活，用它連接著伴侶的身體。當我和女友做愛前，她總是把我的手臂和手掌移放到她的大腿附近，這樣讓她感覺到被擁抱、很安全。

——蒂芬妮，31歲，波士頓

首先要做的就是對雙手另眼相看——不光是用來丟球、使用機械（呃，這句收回）、按電視遙控器，而是多才多藝的愛情工具。很多男人用手指像用陰莖一樣笨拙，別傻了，這樣做等於閹割了雙手的性能力！

手指之愛101

手指性愛不只是把你硬梆梆的食指放進女性的陰道裡抽送（雖然抽送是手指的主要功能之一）。如果你向來如此，也別懊惱，或許從來沒有耐心率直的老師教過你這門功夫。可能你的伴侶也不太懂。別把它當作用手指插入，要當作是用手指愛一個人。你就等於擁有十個取悅伴侶的甜蜜利器。

基本上手指是非常靈活敏捷的，但是在性愛中經常被當作手掌使用。你必須學習放鬆雙手、施加輕柔的力道、熟悉平緩的特定動作。

體認手指的潛力，在性愛中善用它，自然會大有進步。心智

在適當指引下是非常有力的，或許你會發現輕微細緻的觸摸是最困難最累人的，但是對付女人柔軟的身體與超敏感的陰蒂，必須用上手指的力氣。需要的話就鍛鍊一下吧！

接觸她的陰戶

你的手可以用集中、節制、特定的方式觸摸伴侶的快感中心，就是陰蒂，它也需要這樣的撫摸。也可以把你勃起的陰莖摩擦她的陰戶與陰蒂，對方也會很舒服。但是要持續刺激陰蒂，一定要用到手或其他工具，像是舌頭或電動按摩棒。

挑逗她

開始手動刺激時，不要直搗陰蒂。挑逗她一下，慢慢移動到陰蒂。先刺激陰戶周圍的部位，包括大腿內側與下腹。慢慢摸、挑逗、讓她起雞皮疙瘩。然後用羽毛一樣輕的觸感撫摸整個私處與大陰唇。

用慢得折磨人的速度醞釀，讓她欲罷不能、雙腿大開、骨盆升起，渴求更多快感。當她準備好，讓她再等一下。

我交往過的大多數男人會直攻陰蒂。陰蒂的既定形象就像神奇按鈕，男人以為只要直接刺激它，我就會高潮或是立刻想要插入。

——金柏莉，34歲，克里夫蘭

溫柔以待

身為男人的你，大概習慣強力的觸摸，畢竟你學習握手或自慰的方式就是這樣。男人對待他們小弟弟的方式很粗魯。小弟弟挺得住——不會在意受到一點撞擊。

陰蒂就敏感多了。把它跟陰莖的大小比較，就明白原因了：女人陰蒂裡（很小的空間）的神經末梢數量比男人陰莖裡還多。我們說過，大多數女人喜歡手指輕柔細緻的觸摸，至少剛開始是這樣。不要粗暴對待陰蒂，除非女方要求你這樣做。

我的男友曾經自慰給我看，我很驚訝他對自己那麼用力。尤其是他快要高潮時，動作變得非常快又暴力，好像要弄傷自己了。

——卡洛琳，27歲，加州佛瑞斯諾

別以為她喜歡的摩擦方式跟你一樣。最好先用輕柔的方式接觸陰蒂，直到女方要求你改變。她提出指示的時候，做個好演員，當場調整手法。

體位

進行長久的手指性愛，一定要找個舒適體位。最糟糕的就是面對她坐在她兩腿間。從這個角度很難模仿她喜歡的動作，你的手腕也會很累。不過這個體位也不是完全禁止，或許她喜歡你火山式的刺激。

用肩並肩體位，你可以把手腕放在她陰毛部位，手指下垂到陰戶上刺激它。

這個體位也可以方便伸手進入。或者你坐在她背後，她躺在你身上，你用雙腿環抱她。你可以吻她脖子、愛撫乳房或用空著的手捏她乳頭，她靠著你會有柔軟溫暖的感覺。

親愛的，靠過來

手指性愛第一守則：未經濕潤的手指，不要摸乾燥的陰蒂或插入乾燥的陰道。利用男人自慰時的潤滑劑，因為女人也需要。

潤滑劑

　　觸摸乾燥陰蒂的摩擦力可能造成不適，甚至疼痛。你要把陰道愛液抹到陰蒂上、舔濕手指或是用人工潤滑劑。有些女人只需要一點點，也有人要用很多很多。如果用太多，她感覺不到什麼快感，所以事先要問清楚。如果能從陰部取得，利用它；如果她的愛液不夠，就需要人工潤滑劑。

　　有些女人認為，男性不從陰部取用天然潤滑劑，卻用人工的，對她是一種侮辱。總之人人偏好不同，有備無患，但是只在她的體液不足時才拿出來用。如果你特別小心，不希望交換體液，就請她吸你手指或吐唾液在你手上。注意，口水非常快乾，愛液不足時也是如此。

　　手指與陰蒂要一直保持濕滑。別以為潤滑一次就夠了，要持續補充。某些人工潤滑劑（視成分而定）比較不容易乾，某些就撐不久。你還可以在床邊放杯水，隨時沾濕手指。加點水稀釋也可以讓你的潤滑劑用久一點。如果你打算品玉，潤滑劑的味道或許不太好，會減少樂趣，除非你選用有特殊調味的。可別忘了這一點。

手指抽送

　　現在她已經熱身了，或許已經有了高潮，你可以加入一些插入動作。但是別忘了剛學過的，乾手指插入乾陰道對多數女人並不好玩。刺激她身體其餘部位、吻她、摸陰蒂，都能促進愛液分泌，愈濕潤時有東西進入就比較舒服。別太急躁。

我一定要濕潤才對手指有快感。如果男人想插入卻發現那兒是乾的，別插入。體內有手指不會讓我濕潤，只會不舒服。

　　　　　　　　　　　　　　——卡洛，22歲，田納西州曼菲斯

手指的優勢就是可以從內部喚醒她的情慾，它能夠克服陰道內任何皺摺與彎曲，並帶給她快感。請先在洞口晃幾下，充分挑逗後，選擇適當時機進入。

記住陰道的外端三分之一有較多神經末梢。你不一定要深入，不要一下把手指全塞進去！從指尖開始，進入之後，沿著內壁旋轉，慢慢再進去一點，繼續探索。

有些女人這樣就能高潮，看你手指長度與她陰道深度，或許還可以一路觸及她的子宮頸。

有人喜歡進進出出的抽送，有人喜歡伸進一兩根手指，停在那兒，沿著內壁轉。也有人喜歡靜止不動，享受陰道內的充實感。還有人喜歡上述各項混合。

我喜歡他用一根手指開始，等我放鬆，再插入第二根。但是第二根要慢慢進入，不是一次塞兩根，因為第一根已經在裡面了。

——丹妮絲，29歲，鳳凰城

我喜歡插一根手指進去，但是不要在裡面亂摳。

——潘，33歲，休士頓

在陰道內運用手指，最棒的就是當她亢奮或高潮時，你可以感覺到裡面發生什麼事。這對你也同樣興奮。而且，你會發現怎樣最容易讓她興奮。

留在她體內時，要注意細微的轉變。如果你把你的感覺、她體內的變化與你的喜好在她耳邊輕聲細語，會使她更興奮。這表示你有專心，她也喜歡聽你的聲音或淫穢言詞。這也可以幫她學習，因為骨盆內有複雜的神經、肌肉、血管系統，女人不一定清楚哪種感覺是來自何處。當你告訴她細節，她就更了解自己身體的機制。所以勇往直前，給她愛的詩篇吧！

G點

在前面「女性的機制」這章已經討論過，你的手指最有可能刺激她的尿道海綿體（G點）。就在陰道前壁或頂端，通常在裡面，記得嗎？手指抽送時向前壁彎曲手指或是壓它就能刺激它。用一兩根手指做「過來」的動作，有些女人非常喜歡這招。但別忘了也有女人根本不吃這一套。如果對她沒用，就在別的地方下工夫吧。

親愛的，靠過來
當你刺激G點，同時也要用拇指、另一隻手或舌頭刺激她的陰蒂。許多女人喜歡同時刺激G點與陰蒂。她興奮時，你可以感覺海綿體因為充血而膨脹突出。

如果你把手指向後彎，也可以刺激她的會陰海綿體。記住，不是全部女人都喜歡玩G點，也有人毫無感覺甚至討厭這樣。這沒什麼不對，請把注意力放到別處。

手指撫摸法

用手刺激陰部有上百種方法，以下是練習的幾種變化：

- 用你的指腹放在陰戶上半部，用點力氣壓，多加幾根手指，又可以覆蓋更大的範圍，用來刺激陰蒂全體與一部分陰唇。
- 整隻手放在她陰戶上，用她喜歡的方式刺激她。抓住大陰唇與陰蒂，慢慢做圓周運動，可以刺激陰戶外部。
- 沿著陰戶上下移動。從會陰到恥丘，輕輕縱向或橫向撫摸她的陰戶。長時間大範圍的撫摸能刺激整個陰戶：大陰唇、小陰唇、陰道口與陰蒂。
- 中指放在陰道口的中央，用食指與無名指夾住她的小陰唇，夾

住、拉起、放開，給她一波波快感。指根與手掌會在陰蒂部位，可以貼近它抖動，向任何方向摩擦。對陰唇較長的女人比較有效。

- 用拇指、食指夾住小陰唇、陰蒂柱，像游泳踢水時一樣反覆動作，可以刺激陰唇與陰蒂側面，小陰唇會互相摩擦。主要刺激陰蒂的根部，適合喜歡間接刺激的女人。

- 手指併攏彎曲，用一排指尖接觸大小陰唇、陰蒂，左右移動，像是側面在對陰戶揮手。這個輕柔運動會刺激陰蒂與陰戶。

- 用食指、無名指把小陰唇撐開，中指在裂縫內上下長距離撫摸，從底下一直到陰蒂。

- 刺激陰道口。不要毫不思索衝進去，記得要先挑逗。刺激外圍，畫圈圈，探索洞口的構造。若要插入，先醞釀，讓她想要，慎選時機進入。

- 如果你很靈巧，手的大小又能配合，就可以用中指插入陰道，拇指同時以穩定節奏刺激陰蒂。這招比較不好練，但是如果你做對了，她會非常非常感激你的努力。

- 用一根手指撫摸肛門，沿著洞口畫小圈（要先潤滑），然後進去來點輕微抽送。記住這根手指不要再伸進陰戶，除非洗過手。（在「進出之間」的「肛門雙人組」專章會有更多說明）

- 用穩定的上下或圓形動作刺激會陰（陰戶與肛門之間）。

- 捏住小陰唇，拉一拉。如果她喜歡用力一點，喜歡捏的刺痛感，或許會喜歡這種方式。

善用這些撫摸的力道與韻律，混合活用，或自己發明新招。聽她指示，或許會發現你沒想到的招式。你可以挑逗地輕摩陰戶表面或稍微用力，也可以放慢速度，挑逗、指觸或撫摸任何給她快感的地方。

該做的不能省

　　成為金手指的祕訣只有練習再練習。雖然很相似，陰蒂畢竟不是陰莖，所以不要把它當成陰莖。別忘了基礎，讓愛人帶領你的手指散步，問她喜歡怎樣做，然後實驗。了解伴侶對觸摸的喜好是需要時間的。你或許會在過程中發現新大陸。有一天她會給你最高的讚美：「你真的很了解我的身體，知道應該怎樣撫摸我。」

　　發現你伴侶喜好的捷徑，就是直接問她。如果你不知道怎麼撫摸她，你做的似乎都沒效，就請她教你——並在心中做筆記。你也可以把手疊在她手上學習她的動作。

　　當你們學習手指技巧的時候，要記住幾件事。她的陰蒂有沒有偏愛受刺激的一側？很多女人都有。她喜歡在末端或根部受刺激？她喜歡集中定點，或是游走整個陰戶？她如何刺激陰蒂？直接或非直接、前後、左右、圓形還是畫直線的動作？拍打還是撫摸？重壓還是輕揉？這些資料很重要而且很有用，一定要留意！

口交的奧祕

　　說起品玉，男人實在太差勁了！我們訪問的異性戀女士都表示，滿意的口交得來不易。

　　品玉為什麼這麼嚇人？呃，原因之一，這非常親密。這是愛的隧道的入口，所有氣味、祕密、任何一點小動作都近在眼前！被服務的人其實跟提供服務的人一樣緊張。說到口交，幾乎人人都需要惡補一下。

真心喜愛

我喜歡為女人口交是因為我的唇與舌覺得味道好、觸感好。我喜歡把頭埋在女人雙腿間，聽她呻吟，看她蜷曲。

——凱蒂，28歲，奧勒岡州波特蘭

我還沒跟女人發生性關係之前，一直幻想著吸吮女人的陰部有多麼美妙。後來我真正有機會做，結果比我想像中還要勁爆。

——泰莉，29歲，舊金山

　　男人在品玉方面似乎分成兩個陣營：喜歡與拒絕。女同志也是如此。但是口交是女同志性愛之中很重要的部分，所以能接受口交的女同志較多，因而也比較熟練。就像男人喜歡樂意吹簫的女士，女人也喜歡樂意品玉的男士。

我曾經問過我認識中吹簫技術最高明的女人，她為何如此厲害？她的答案很簡單：「因為我喜歡。」

——吉姆，28歲，波士頓

通常你喜歡做什麼就會擅長什麼，至少你對它會有動機與熱情。所以如果你是屬於無緣享受品玉之樂的那一邊，請記住生命中許多美好事物是後天培養出來的品味：魚子醬、上等威士忌、葡萄酒、古典音樂與品玉。

男人怎麼看口交
- 我喜歡樂意吹簫的女人。不只是因為感覺很舒服，也因為這樣非常親密。
- 老兄，一切就靠信任。我最脆弱、最敏感的器官被女人的尖牙利齒包圍耶！吹簫是女人最有權力的時候。
- 除了肉體愉悅之外，她也是在確認……不，不只如此，應該說膜拜我的陰莖，給它全神貫注的愛護。表示她愛那話兒。

顯然大多數男人認為吹簫不只是吹簫。它跟親密感、信任感與崇拜（如果你走運的話）有關。我們都需要這些東西，尤其是從愛人那裡獲得。

當你低頭為女人品玉，重點比高潮多得多。品玉使女人全身舒爽——陰蒂、全身與心靈。如果你不給她這類關注，她會有所缺憾。她會覺得自己的聖地沒有得到應有的愛護與注意。女人也喜歡受到崇拜。這類關注對女性尤其重要，因為大多數女性無法像男性容易從一般性交達到高潮，男人們通常只要狂抽猛送就可以得到快感。那麼，準備低頭俯衝吧！

看心情

無論男女，沒有人整天隨時可以品玉或吹簫。如果你暫時沒有心情，老實對伴侶說明，請求延期。如果你永遠都沒有心情，

那就是別的問題了，因為這是女人最渴望的性愛美食之一。叫你隨時保持興致勃勃、幹勁十足很困難，尤其是辛苦工作一整天之後，可是你至少要盡力試試。試想如果她永遠沒心情做你喜愛的性行為，你會作何感想。

話說回來，她也未必永遠喜歡口交。口交這檔事很複雜，需要高度的信任感（讓別人品嚐你最私密的器官味道）與屈服感（讓別人施展這項親密行為）。很多人認為口交比性交更親密，如果她沒心情，別逼她，她未必能對你努力練習的成果隨時開放。如果她永遠沒心情，不讓你為她口交，或許是有其他的問題需要克服。她可能不喜歡自己陰戶的形狀或氣味，不願意在近距離與你分享，也可能她以前有過不愉快的口交經驗。

注意她的感受，開啟對話，會有些幫助。用溫和的方式問她，更能讓她把問題攤開來談。如果你們的互信不足，她可能不願意說出來；如果相反，你可以幫她學著喜歡自己的生殖器或是克服心理障礙。

注意事項

認識她的陰蒂，認識一切……

性愛不像開舊車，我們在性愛方面的性能是很強的，只是人人都以自己獨特的操作手冊達到高潮。發掘愛人喜好的路途上沒有捷徑，但是你要先學會基礎。希望你不是壞學生，已經讀過前面生理構造章節。如果沒有，立刻翻回前面，好好閱讀，否則你就倒楣了，你的下一個伴侶也是。學習陰蒂、了解它、愛它！

我認識一個雙性戀女孩，她曾經獻身給一個善良晚熟的大學男生。當他發現可以接近這個百無禁忌、熱愛自己身體的女孩下體，他竟然跳下床，拉開書桌抽屜，拿出一個放大鏡，準備好好

探索陰戶這塊異域，世界第八大奇觀。

——佚名

既然女性快感的中心是陰蒂，品玉幾乎是最確定能達到高潮的方式。陰蒂非常特殊，它是精密調整的快感儀器，必須以正確方法操作。如果你的方法不對，那就等著滾蛋，因為她大可改用電動按摩棒。繼續看下去，就能避免這個厄運。

親愛的，靠過來
把整張嘴包圍她的陰蒂，像甜美水果一樣吸吮它。別害羞，別只用舌尖掀它。如果她從不完全接觸你的陰莖，你會滿意嗎？

每個女人都喜歡來點不一樣的，只是有些技巧你應該知道，加上勤練，自然熟能生巧。

別學A片舌技

我最主要的性愛導師就是A片，因為可以看到所有花招示範，就像教學影片似的。

——鮑伯，21歲，布魯克林

如果你是從A片學習如何品玉的，有件事你要記住：那些女吹男、男吹女的鏡頭都是為了攝影機而擺出來的姿勢，是讓觀眾在家裡打手槍用的，不是為了讓AV女優得到最佳快感。你會看到側面取鏡，演員舌頭距離目標好幾吋，因為A片觀眾的注意力集中時間有限，所以女優通常只有30秒品玉時間，男優就轉移到其他地方去了。不然就是女優發出假兮兮的高潮尖叫。

於是男人就這樣學會了舌頭僵硬、長距離撥動的動作，讓失望的女性躺著無聊到死，一面數著舌頭接觸的次數入睡。

別學A片裡的舌技。你的舌頭不應該盡量伸長，反而造成接觸面積縮小。用短暫、簡短、軟趴趴的方式接觸她的陰蒂表面，絕對無法讓你得到金牌獎。你要用整個嘴巴接觸她的整個陰戶。

舌頭法則

對付陰蒂的時候，累積是很重要的。對，陰蒂就是靶心，但是接觸周圍的大區域然後移向中央也同樣重要。學著放慢速度，急什麼呢？你越投入，倆人越能感受更多！品玉就像是有紀念意義的環遊世界之旅，重要的不在抵達終點，而是過程。

親愛的，靠過來

慢慢沿路移到陰蒂。先從外圍區域開始——大腿內側，大陰唇，小陰唇。陰戶全體上下左右。懂了吧，別像射擊測驗一樣直攻靶心。

先挑逗她。對她陰戶呼氣，吻遍它，除了陰蒂之外。吻她的腹部跟腿，繼續挑逗、挑逗、再挑逗，累積一陣子，然後吻她陰蒂。移開，再回來。跟她玩玩，要有趣，用輕柔緩慢的舔舐感觸整個陰戶——陰唇、陰蒂、陰道口。慢慢瞄到靶心，到達之後，探索它。

在陰蒂枉花一點時間，然後舌頭到左右兩側從底下搔它。從輕鬆挑逗的觸摸開始。別錯過任何一塊地方。在末端捲起舌頭，在愛的按鈕上面畫圈。然後整張嘴蓋住陰蒂，用法式旋轉深吻吻它。如果她能承受很強的刺激，你還可以吸一下。給陰蒂一個夢寐以求的超級口交。

陰蒂很敏感，任何額外刺激（手指、快速動作、更大壓力）都可能毀了她的期待感。陰蒂的反應不像陰莖，不一定需要更快更猛的節奏才能高潮。如果現行做法沒錯，就不要改。別加快，別用力舔，老兄，跟隨你內心的鼓手，保持穩定步伐吧！

親愛的，靠過來

如果她的陰蒂變硬，即將進入狀況，別破壞了刺激陰蒂的韻律！如果對她有效，就繼續這樣做。如果你的伴侶非常亢奮，呻吟、喘息、冒汗、抬起臀部向你靠近，或是說「啊！對！就是那兒！我的天！啊……」之類的話，那麼不論你正在幹嘛，繼續做就對了。但這不是叫你加快、加重力道的意思。

口頭溝通

注意她的動作。她前後搖擺臀部嗎？她用力頂向你的嘴嗎？她移開了嗎？她在退避嗎？如果你不懂，請開口問。抬頭換氣，同時問：「這個力道對嗎？妳要我加快嗎？更用力？或是輕一點？」然後照做。

知道她要什麼總比一直重複無效的招式好一些。發問要精確，如果你只說：「這樣可以嗎？」或是語焉不詳，她可能覺得不能說實話，或是要花太多時間打斷流程做解說。你可以請她指出希望你多下工夫的區域。

運動家精神

我希望男人了解，刺激女人到達高潮時不是只有陰蒂重要，要多花一些時間，不要做了幾分鐘就放棄，以為這樣就足以滿足她。

——湯妮雅，26歲，德州布萊恩市

要做出最棒的品玉，一定要做好長期抗戰的準備。如果必要，大戰15回合也別怕。別以為你在下面隨便弄幾分鐘就能給她瘋狂的高潮，然後哀求你插入。這種機率比你當上總統還小。輕鬆、容易、強烈的高潮有可能出現，但是大多數女人喜歡不疾不徐與自覺的努力投入。表現得慷慨又有耐心，她會因此愛死你。運動家精神是一開始就全力以赴。優良的運動員都願意在例行練習之後多跑一兩圈！

抬頭換氣

你埋頭苦幹了好久，你的舌頭需要喘息。這時可以不必像電視廣告一樣總在劇情最精采的地方打斷。當你的舌頭休息充電的時候，至少還可以用手指撐個一兩分鐘。但是要做得漂亮一點。手指要試著維持舌頭的力道與韻律。

這很難練，因為舌頭和手指天生的敏感度就不同。舔濕你的手指，或是沾點愛液。如果你真的很厲害，連她都分不出來。如果她已經在高潮邊緣，熱得噴火，隨時會飛上九霄，那就別換手，發揮內心的韌性，一股作氣讓她樂翻天。

扮演詩人

接著是風格的問題。誰能教導男人如何品玉？除非他洪福齊天，跟女同志或是不介意互相探索、溝通、實驗的女人在一起，否則這簡直就像在爛教練指揮下拿到奧運金牌一樣困難。

到底應該要怎麼做？如果你想要迷倒、滿足眾家美女，就要扮演詩人：感官、開放、韻律與聲音的創造者。

想像一個甜蜜、光滑

充滿裂縫皺摺的洞穴
每一個摺疊與質感
對你的每次碰觸與拉扯
每個撫摸與咬嚙都敏感
想像所有唇的會合之處
豐腴成熟的草莓沾滿糖液
你的舌吸吮著每滴甜美的瓊漿
卻不碰傷草莓
旋轉啜食她飽滿、甜美、狂野
深邃、熟透、鮮活
又永遠時令的果實

懂了嗎？專心一志讓你潛意識裡的詩人性格發揮。彷彿爵士樂即興演奏、銅管獨奏、一篇美麗的韻文、一杯珍惜到最後一滴的美酒，或用來融化她的一首詩。釋放你潛在的性愛詩人吧！

談論氣味與滋味

女同志談論滋味、氣味、生理期的態度比較大方。不幸的是，我們生活在一個充斥著「改善自己」的社會產品中，尤其是針對不須改善印證的部分。女性私處就屬於「保持原狀就是失敗」類型。別落入文化氛圍的陷阱。「媽，有些時候我覺得自己有異味，怎麼辦？」記得這種狀況嗎？市面上有無數種陰部芳香劑，可是你知道嗎？化學品、沖洗劑、婦女衛生噴霧劑跟小妹妹天生不合。

這些玩意會破壞陰戶天生的氣味、滋味，平衡與健康。沖洗劑對陰道不好，而且可能破壞天然酸鹼值平衡而致病。陰道有自我清潔的機制，沖洗劑只會干擾它。這些產品對男人也不好，噴

過腋下除臭劑之後試著舔一下，你就懂了。

　　所以請不要為女性套上無謂的壓力，別鼓勵她們用清潔劑，逼她們全身上下自我改善，連生殖器也不放過。這種行為只會增加女性的不安。這不是說你要全盤接受伴侶的體味，或是你喜歡的伴侶體味會永遠維持不變。

　　如果女性生殖器的氣味有明顯的改變，而且很難聞，表示她可能有陰道感染，或許應該去檢查一下。如果你發現能互相信任的伴侶有這種情形，請婉轉地提醒她。別忘了試著告訴她：你喜歡她的體味。

親愛的，靠過來
真心喜愛自己生殖器／體液的氣味與滋味的性伴侶最性感了。讓女人放鬆接受舔舐之樂的好方法，就是讚美她的味道。女同志非常擅長讚美她們伴侶的生殖器外觀、氣味與滋味。你不喜歡女人告訴你她認為你的小弟弟舔起來有多好嗎？同理可證。

口交禮儀

　　品玉也是有禮儀的。這是個敏感話題，我們的社會一直無法讓女人坦然接受自己私處的體味，所以你要支持她。有位女士提供了她朋友的故事，這位朋友讓一位男士口交，這男的舔了幾分鐘，竟然抬頭問她是否有薄荷口香糖讓他把嘴裡的異味去除！如果讓我們逮到他，這個大豬頭非得上斷舌臺不可，讓他再也沒有機會傷害第二個人。那位女主角或許再也不會讓別人品玉了，甚至還要花大錢看心理醫師以便忘記這段不愉快的經驗。

　　其餘禁忌還有：品玉完畢之後立刻起身跑去刷牙。即使你迫

不及待，還是要忍一忍，讓纏綿的感覺持續久一點，再起身去浴室。如果你實在是忍不住想刷牙，或是有強制洗手慾望的潔癖症狀，或是天生恐懼女人那兒，老實跟伴侶溝通一下，讓她知道這不是她的錯。我們保護自己，伴侶都能諒解，只是你要有點常識，懂得婉轉應對。

體位

枕頭。枕頭向來很有用。放在女人臀部下面，可以把她骨盆抬高，讓你以輕鬆的姿勢接觸到。這個體位也讓伴侶舒適。她可能還希望有頭部支撐，以便她欣賞你品玉的樣子，又方便交談。

坐姿。你仰躺著，讓伴侶跨騎到你身上也可能輕鬆一點。你知道吧，就是坐在你臉上。她面對你，上身可以靠在牆上支撐，解除大腿的一部分壓力。

床緣。讓伴侶躺在床緣。你跪坐在地上，你的目標區就在面前。然後抬起她雙腿彎向她肩膀，以便你更容易接觸。

途中改變體位對雙方都有利，可以讓你防止脖子僵硬，還有身體其他部位無聊到睡覺。反正隨時可以換回你最愛的體位。

舌頭保養

你可以讓你的舌頭柔軟有彈性或是堅硬。堅硬的舌頭或許在舌交或刺激大陰唇的時候感覺很好，但是對陰蒂可能太強烈了。在陰蒂兩側或許很好，但是對末端太刺激了，尤其是你把外皮拉開露出陰蒂頭的話。

通常她可能希望你用最柔軟濕潤的方式舔她的陰蒂。如果她的陰蒂非常強悍，搭配堅硬的舌頭就剛剛好。重要的是記住你的舌頭是可以變化的，所以要探索一切可能性。

女同志都知道如果你要當女人的好情人，舌頭就是你最重要的利器之一。慣用陰莖的男人打死都不懂。鍛鍊它、強化它，讓它有所表現。算我求你，一定要用上整個嘴巴，而不是舌尖那一小部分。

口交要愉快，你的舌頭必須有耐心又堅強。練習技巧、鍛鍊舌頭的最佳方法就是每天跟情人練一下。練習纖細又精確的技法，試用不同的撫觸，演練我們在下面幾頁列出的技巧。

當我為女人品玉的時候，重點不只是陰蒂。我集中在整個區域，慢慢醞釀，從大腿開始往內。吸大陰唇，小陰唇，舌頭伸進去，撥撥陰蒂，對它吹氣。如此反覆。變化很重要，如果你每次一直做同一招，對方身體很快就會麻木或厭煩。有幾個特別敏感的地方需要加強，但是涵蓋所有地方的時候又是另一種刺激。

——琳達，31歲，羅德島州新港

舌交

舌交可以讓人到達極樂涅盤，如果你是接受的那一方就知道。讓柔軟的舌頭進出一個縫隙有很棒的快感，因為是被最靈巧的器官插入、探索與挑逗。

舌頭對陰部非常熟悉，因為此處的溼度與質感跟口腔類似。如果你不想太深入，就好好舔她幾下。

親愛的，靠過來
舌交是幾乎失傳的偉大技藝。好好享受它，舔舔洞口周圍，然後舌頭伸進去，能多深就多深。忽快忽慢，用舌尖挑逗她。把她的膝蓋拉到她耳邊，給她一次畢生難忘的舌交。只要你舌頭夠強壯又抓得到要領，無論長短，她會永遠感激你。

綜合模式

如果她喜歡被插入，吸吮陰蒂的時候同時刺激G點最棒了。讓她的私處暖身之後，你可以插入一根手指，稍後看情況，例如技巧純熟度或是體位需求，決定是否插入第二根。有時候雙手會礙事擋到嘴，你可以換成69體位或其他更厲害的做法以便觸及所有部位。

綜合模式有點像是變戲法，你用手指刺激她的時候必須在陰蒂保持好的節奏。如果她喜歡，你也可以用小型的假陽具，插入後仍有空間讓你動口。她喜歡插入什麼就用什麼，或者試試下面這招：舔她的時候把電動按摩棒放在你舌頭下，只要你受得了，她肯定會尖叫喝采。

肛門遊戲

另一種版本的綜合模式包括肛門刺激。一如慣例，起步要慢。當你低頭，試著按摩她的括約肌周圍，然後在會陰做幾下沉穩的撫摸。現在你只能插入一根潤滑過的手指，勉強能夠進得去。讓她的括約肌環繞你的手指。這樣或許就足夠讓你的伴侶高潮，否則她可能是希望你的指頭一路到底。它可能喜歡緩慢輕鬆或是又快又用力的進出動作。或許她需要一根以上的手指。跟她溝通，讓她決定想要的綜合模式，然後照辦。

豪華綜合模式

你知道早晚會有這招雙管齊下，沒錯，就是插一根手指在她陰道，另一根在肛門裡。慢慢來，別讓陰蒂刺激被打亂了。小心，她肛門裡可能有細菌，陰道絕對不歡迎這些訪客！各自負責兩地的手指不要互換也不要接觸，否則可能造成細菌感染。

還有，一定要聽她的訊號。如果她伸手想把按摩棒或你的手指拔出來，原因或許是刺激太強，或者這不是她當時想要的方

式。如果她的快感降低或是轉變成別的感覺，問她：「你要我出來還是繼續？」她會讓你知道該怎麼辦。

音波震盪

或許你聽過對付男人的悶哼術（hummers），如果你夠幸運，或許還體驗過。這招也能讓女人瘋狂，做法很簡單，吸舔的時候，你下巴貼在她的陰戶與陰蒂上悶哼，像人肉按摩棒似地把音波震盪傳到她的性感帶。表達你對她的喜愛。用你的聲音刺激她生殖器就很令人興奮，務必要試試。

咬與掀

用門牙輕輕啣住陰蒂柱與陰蒂頭交接處，可以讓她瘋狂。先用牙齒固定住，別讓它滑掉，然後輕輕用舌尖頂著牙齒背面掀動陰蒂頭。這個技巧需要練習，因為你的舌頭很快就會疲倦。陰蒂比較突出的女人，比較適合用這一招。

69式

這個體位有利有弊。這樣子很難專心體會快感或是專注於刺激對方，可是它不以高潮為目的，而是兩個人都能興奮並且有參與感。用69體位互相口交時，重點是彼此體驗到的愉悅以及有趣的視覺角度。這或許不是讓愛人高潮的最佳體位，因為很多女人必須專心一志、調整呼吸、運用恥尾肌才能達到高潮，嘴裡含著另一個人生殖器的時候很難做到。所以69式是很好的熱身體位，互相品嚐也很有趣。如果你們之中有人能夠高潮，那就賺到了！

安全舔法？給她防護罩！

女同志是藉由口交罹患性病的高危險群。在體液交換的程度

上，品玉對施與受雙方的威脅不像吹簫、性交、肛交那麼大，但是仍然有傳播性病的可能。

想要安全地品玉，現在我們有了叫做口腔護膜（dental dam）的法寶，有時又稱為 lollies 或其他名字。基本上口腔護膜是薄薄的、平坦的一片乳膠，用來當口腔與肛門或陰戶之間的阻隔。用法是這樣：先在她陰戶上擦點潤滑劑，別吝嗇，因為乳膠碰到乾燥陰蒂的感覺大概就像收到三個月的信用卡帳單一樣討厭。接著把護膜放在陰戶上，位置對好，開始舔。

如果你喜歡，可以在你這邊抹上調味潤滑劑或是蜂蜜，這樣更有趣。她隔著護膜仍然能感到體溫，還有撫觸。口腔護膜不是性愛世界最刺激的道具，但是可以保護你，如果你能取悅喜歡乳膠的戀物癖者，這也是一大助興。還有，臉上有硬質鬍根或是汗毛的男人使用護膜，可以保護她敏感的陰戶。

自製乳膠護膜

想變化一下，你可以拿乳膠手套（就是醫生護士使用的那種）讓它變成護膜。盡量買大一點的手套，準備一把鋒利的剪刀，然後：

1. 把四根手指從指根位置剪掉，拇指要留著！
2. 沿著手掌外側的縱線把手套剪開。
3. 把它張開，噹啷！就是一張品玉／舔肛用的乳膠護膜。拇指狀的附件還可以塞進你選定的洞穴，以便深入舔舐。此外，把保險套縱向剪開也是一張小護膜。注意別用到附加殺精劑的套子，否則會讓你的嘴皮子發麻！

口交快速複習表

● 起步要輕柔、挑逗，逐漸依照伴侶的喜好增加速度與力道。

- 以明確的問題溝通。對付陰蒂要精準，可不是差不多就好。
- 採用開放式問題，讓她告訴你她喜歡怎樣。鼓勵她開口說出自己的感覺與喜好。
- 如果你的臉上毛髮茂盛，把它剃乾淨。毛髮與陰戶並不相容。刮傷陰戶可不好玩，乳膠護膜應該會有幫助。
- 要用整張嘴，不是只有舌尖。忘了A片裡表演的那一套吧。
- 強化你的舌頭，鍛鍊它的肌肉，熟能生巧。
- 如果她變得非常興奮，不要改變你的做法，繼續保持就對了！
- 除非她要你停止，否則不要停。

第五章　進出之間

The Ins and Outs

入口不只一個

陰道性交不是我性生活的全部，只是很多種類之一。我先問情人喜歡怎樣的陰道插入，然後我們從那樣開始。她或許想要不同的東西，而且有很多方式滿足她的需求。重點就是混合並用。我喜歡嘗試不同的做法，看她們感覺如何。

——莉迪亞，27歲，費城

女同志處理陰道性交的方式跟大多數男人不同。對她們而言，這只是性經驗的要素之一而不是目標。這種取向讓她們能夠從容進行，更加享受性愛，不急於達到高潮，因為高潮可能以很多方式發生。如果你們已經有了這樣的經驗，幹得好。如果沒有，試著調整你的看法。

很多婦女抱怨，通常她們男伴高潮時性愛就結束了，她們卻尚未滿足。不要像典型的自私男人一翻身倒頭大睡，請確保你的愛人得到所有想要的東西。兩個人都應該享有很滿意的體驗。

你或許納悶女同志能指導你多少陰道性交的事。多得很，親愛的。有很多女同志愛用假陽具或其他玩具進行陰道插入，告訴你，很多女同志也跟男人有過性交經驗。

性交的基礎

對多數女性而言，性交不是達到高潮的主要手段。女人都喜歡嘿咻，但是只有30%能藉此獲得高潮。在此你學到兩點：一，性交不應該是你們性愛戲目的全部；二，你的愛人不一定每次性交都能高潮，你也不必有挫折感。不要以高潮次數論英雄，要看整個人的感覺。你的情感與肉體得到紓解嗎？與伴侶有親密與開

放感嗎？你覺得有趣嗎？你是好情人嗎？你帶來正面能量嗎？你能慷慨給予嗎？你專心嗎？如果你跟伴侶對上述問題的答案都是yes，表示你們的性生活很美滿，能吸收性愛的許多益處。

　　每次性交時使用保險套也很重要。如果你們決定不用，在寬衣之前就要有共識，讓雙方明白其中風險以及進行方式。如果你或伴侶擔心著在性行為中傳染性病，性愛就不能盡興，變得毫無樂趣。憂慮絕對無法帶來優質性愛，不用套子也不能證明你是迷人又負責的性伴侶。所以有備無患，也就是說，隨時把套子準備好。連女同志用假陽具都會套上呢！

　　性交很像舞蹈，你必須知道一些基礎舞步，需要兼具帶舞的技巧以及服從的信心，才能樂在其中。

深入：陰戶的天賦

這很難形容，但是信任、聯繫，以及服從最重要。沒錯，不要忘了服從。

——泰莉，30歲，匹茲堡

我總覺得這是與伴侶分享非常神聖的東西。一個人進入另一人體內是最脆弱的時候了。我喜歡這種充實感。如果我跟伴侶有情感的聯繫，那麼他／她的硬物進入我身體時可能是驚天動地的愉悅，我越來越明白這一點很重要。

——安妮莎，27歲，加州雷克伍

我的身體器官進入別人體內，我認為是非常特殊的事。插入會帶來強烈的權力感，不論是用手指、假陽具、拳頭，身體對別人開放都是很容易受傷的。

——安，29歲，達拉斯

當你進入愛人的陰戶，等於是跨過世俗雜務的門檻，進入了她的聖殿。這是一份榮耀與特權，也是獻禮。女同志對於進入女性私處的意義有比較清楚的意識，因為她們身上也有一個。如果你一向把此事視為理所當然，請三思。你會輕易讓別人插入你，例如肛門，肏你，停留在你體內嗎？或許不會。

異性戀男士多半對這種事是很嚴肅的。所以插入她陰部的任何時候都要心存敬意，不論用手指、情趣玩具、異物或你的陰莖。受到榮耀與尊敬時，這個溫暖豐滿的地方才會用愛與慾望擁抱你。

我跟第一任女友初次上床時，她問我可不可以插入我。我嚇呆了，不知如何反應。男人從來不曾要求許可……他們都假設自己可以自由進出。那次是我的轉捩點，擁有允許別人進入的權力。她發問等待我回答，卻不自行闖入的時候真是他媽的性感極了。「好！」我說：「哦，請進。」我邀請她，因為興奮而心跳不已。我的期待感高漲，她進入我體內的經驗也很興奮。

——黛娜，25歲，布魯克林

先問她是否可以進入。別因為以前也做過、自己很興奮或她很興奮就假設自己有權進入。如果她不想要你進去，她有權閉門謝客。尊重她。她可能那天碰巧心情不對，或是根本就不喜歡插入。很多女人一生中都曾經在非自願的狀況被插入。這種虐待永遠蝕刻在她們心靈深處。把權力還給她（或者她已經自己取回權力）是一種補償行為。

如果她覺得你問這種問題很奇怪，或許因為以前從來沒有人問過她，她從來不知道自己有權決定要不要讓愛人進入她身體。如此尊重她的慾望與界限，會讓你得到10顆星評價。

親愛的，靠過來

很多跟女人做愛的女人了解進入陰道的行為非常珍貴，所以會問：「我可以進去嗎？」這是世上最性感的台詞了，把決定的權力還給原主——擁有洞穴的人。

被徵求許可時感到的權力，直接與性經驗的愉悅程度相關。我們都需要許多性治療，起步就是男女雙方尊重彼此身體的神聖，以及選擇分享的價值。如果你問了，她卻說不，那就改做其他能讓雙方開心的事。

插入與抽送

首先把定義說清楚：插入與抽送不一樣。無論哪種性別組合，插入需要信任、服從、相互滿足、角色變換。女人要接受、允許、接納；伴侶則是進入、提供服務。你可以粗魯也可以溫柔。無論如何，這是通往隱密之地的肉體、心理、靈魂的入口。畢竟在她體內，這是最私密、最親近的地方了。

另一方面，抽送的重點在感官，想要隨著快感而瘋狂。抽送是為了提供快感，如果做得好，你下次光臨仍會受到歡迎。你在伴侶體內時，注意她乳頭的觸感、身體泛紅的變化、呼吸動作、臀部動作。她抱著你、捏你嗎？她不由自主拍你屁股？如果你夠幸運或是夠聰明，就別因為只擔心自己的陰莖、表現與快感而忽略掉這些細節。

男人最有快感的時候，就是用力、規律地抽送，尤其在接近高潮時。她可能喜歡也可能不喜歡。你要找到她的韻律，不是自己的，因為她的陰部對快感、舒適的要求比你的陰莖還嚴格。

性交時所有的情緒——文化背景的、肉體的、心理與精神上

的都交融在一起，抽送動作需要有協調的流程。男人可能只需要深入、深入、再深入，直到射精。但對女人而言，從不同韻律與動作感受到的感官愉悅才性感，比持續炮轟15分鐘要刺激多了。

前進

你問過伴侶是否可以插入她，她喘息著回答：「好，請進。」這只是以優雅與愛開始進入的第一步。聽起來很容易，但是進入愛之池的這一步是性交中最強力、最重要的一刻。

說到插入，並沒有嚴格規定應該由哪一方負責，要看你們的關係而定。

有一次我跟女友約會，她第一次用假陽具，我伸手想幫忙把它放進去，因為我已經習慣幫男性伴侶這樣做。但她阻止我，把我的手拿開，以堅定的自信說：「讓我來。」

——珍寧，35歲，加州西好萊塢

很多女人喜歡導引插入，尤其是希望你慢慢進入的時候，因為她們可以控制深淺與速度。女性在上體位最適合這樣做。當她這樣做的時候，注意看她是怎麼做的。

雙手並用嗎？或許她一隻手抓著你的陰莖，另一手撥開自己的陰唇，然後慢慢放進去。這是你的第一課：用兩隻手。或許她已經很熟練，可以咻一下套上去，這是你的第二課：別慌張，慢慢來。

當你在上面時，可能不太容易找到入口，因為你看不到。當你低頭看，只能看到她的腹部與陰毛。很好看，但是對當下的任務沒有什麼幫助。你得撐住自己身體，所以也不容易用兩隻手。例如傳教士體位吧，最佳方法是坐在她兩腿間，以便看見自己的

進度。跪坐，把臀部湊向她，你的膝蓋與大腿滑到她張開的雙腿下。其實做起來沒那麼複雜。用一隻手撐開陰唇，另一隻手把陰莖放進去。

進入的瞬間——讓它持久

我喜歡讓他進來，這樣他可以挑逗我，只是我不知道什麼時候才會發生。

——崔西，33歲，紐約

　　女人懂得挑逗，你也可以。不要揮一下球桿就想一桿進洞，衝向比賽的終點。醞釀，小子，要醞釀啊！用龜頭按摩她的陰蒂，握著陰莖在她陰唇之間摩擦，龜頭上下觸及整個陰戶卻不插入。體會愛液沾在龜頭的感受。

　　如果沒有分泌愛液，或許是她尚未準備好。如果她心理已經準備好，但是身體沒有分泌愛液，請用潤滑劑。先在陰莖抹一些，擦遍整根，其餘的用手輕輕抹在她陰戶上。

　　一直用陰莖挑逗她，讓她渴望不已，甚至抬起臀部向你頂過來。在她陰道口暫停，轉幾個圈，再停一下，然後插進一點點，假裝你終於要進去了，然後拔出來。

　　你可以自己搓幾下以保持硬度。很多男人急著插入是因為害怕無法維持勃起。你可以自己控制，別擔心。慢慢來，享受眼前的美景。

親愛的，靠過來
把動作放慢，不僅可以培養伴侶熱切的期待感，還可以仔細打量整個戰場，記住每個器官在哪裡，插入之後才不會手忙腳亂。學著慢慢來吧！

我喜歡她挑逗我然後慢慢進來，讓我可以品味每一吋進度。

——凱莉，31歲，明尼亞波里

　　當你充分挑逗她（還有自己），看情形決定緩緩插入或是猛然戳入。起初最好是慢一點，除非她很興奮，所有器官已經充分濕潤，要求你盡快進入。

　　開始插入時，注意插入的滑順程度，享受這種感覺。停一下，深呼吸，注視她的眼睛。文學家但丁（Dante）很了解這種注視的力量，他提到碧翠絲（Beatrice）時說：「從她眼中射出的箭穿透了我的心。」

　　注意愉悅的象徵：呻吟、向你抬起臀讓你深入或是前後搖擺臀部。有時候痛苦跟歡愉的聲音很相似，如果你無法分辨，詢問她這樣做好不好。別逼她。如果感覺不滑順，抽出來等她更濕潤一點。來點口舌刺激通常很有效。

親愛的，靠過來

陰莖插入之前，舔她的陰戶讓它溫暖興奮準沒錯。她會變得濕潤、膨脹，這時性交感覺比較舒服。

模範角色

　　抽送是一門技巧，通常你覺得最愉快的方式未必讓她最舒服，而且你或許從來沒有值得信賴的模範角色教你怎麼做。找出她喜歡什麼，用認真、色慾的語氣問她喜歡怎樣被進入，也是非常性感的台詞。這是前戲！她可能因你的問題而錯愕，或許她也不清楚自己喜歡怎樣的方式；也或許她十分清楚，而你給了她透

露的絕佳機會。進行時，問她怎樣的體位或角度感覺最舒服，問她陰道的哪個部分最敏感。你需要知道這些事，因為我們沒有好的模範角色指導我們如何抽送。一般人通常不是靠AV男優就是好哥兒們。

我的性愛第一課發生在好友恰克的後院裡。當時我跟恰克才念六年級，看到他養的兩隻狗在做那檔事。我們目瞪口呆，看著小白「軋」小花。我想：「天啊，有一天我就要這樣做。」當然不是跟小狗啦！之後的幾年，我的性愛導師就是小白。我總是像半年沒注射狂犬病疫苗的瘋狗一樣狂插我的女友。

——凱文，32歲，休士頓

在美國文化中，模範角色很容易從鄰居的小狗轉變到A片演員。這有什麼不對？簡單地說，在上面的狗並不在乎另一隻狗的愉悅。在A片中雖然可以看到真人做愛，但是其實跟小狗也差不了多少。他們會像特技演員似的變換節奏與體位，或許會對夥伴的快感表達一點關注，但是女方很少有真正的高潮，而且A片總是忽略重要的細節，例如潤滑劑！

有些男人認為「男子漢的性愛」就是很多深入、強力的抽送。「正港男子漢」就是這樣搞女人，不是嗎？有時候這樣做是對的，很多女人喜歡，但並不代表她們不喜歡、不想要別的方式。這只是小白的招式。沒錯，人也是動物，有時我們會發揮自己的動物本能。但是小白如果也懂得一點抽送技巧，所有母狗都會急著跳進牠家的圍牆。

了解自己

不管性癖好如何，好情人必備的兩件事：了解自己，並且知

道如何讓伴侶興奮。

　　先來看看技巧。你知道自己的老二怎樣最舒服，某些男人採用某些體位可以維持勃起比較久。有的體位容易控制肌肉，有些適合深度插入，也有些適合淺插，有些更能夠刺激她的G點。學著放慢，女同志在這方面佔優勢，因為她們可以抽送一陣子，休息一下，回來繼續隨意融合變換，不用擔心勃起無法維持。所以你要學會變通，當下問出她的喜好。

　　以下是一些實用提示，讓你隨時查閱，因應每個新伴侶的不同需求。

營造舒適因素

　　小道具可以改善你與伴侶的舒適度，讓性愛更火熱。最簡單的例子是枕頭。女性在下的時候放兩個枕頭到她臀下。如果是小狗體位，腹部下墊些枕頭可以幫助她放鬆，或者讓她靠著床、書桌或任何高度適當的物體彎下腰。如果床夠高，你們可以非常省力，你只要站直專心抽送，她可以舒服地躺著伸展雙臂。

　　另一個跟舒適有關的因素是，如果你太用力頂她骨盆，可能造成瘀青酸痛。避免的最佳方法就是隨時關懷她。

　　別忘了安全。很多女同志使用假陽具都會刻意加保險套。安全與保險套是你最應該重視的兩大要素。舒適的部分原因源自安全，如果你或伴侶要擔心套子破裂、滑掉或是根本沒用，性愛絕對無法有趣、舒適。

體位變化

　　本章的主旨之一是要你改變對性交的看法，而不是教你99種神奇體位。不過你也要知道有很多有趣、詼諧、刺激的體位等著你探索。性愛的樂趣之一就是探索——發現讓自己興奮或讓伴侶

興奮的方法、以及發現自己的性感帶。不一定每次都會成功，重點是檢驗每個可能性、享受其中樂趣，不要指望你做的每件事都有驚天動地的效果。

先快速複習一下。體位有六大類：男性在上、女性在上、側面進入、後方進入（小白的絕招）、坐姿與立姿。要不就是去買專門講述各種體位的圖解書籍，或是自己在家隨意嘗試。可別以爲特技與持久就是美好性愛的保證。

讓她駕馭你

很多女人喜歡在上面，因爲這樣比較可以控制深淺、速度、力道與陰蒂位置。讓她主導通常可以使她獲得比較多快感，你只需要躺著放輕鬆，看著她，兩人共同體驗快感。

併腿或張開

女人在你抽送的時候併攏雙腿，感覺會比較緊。她的小陰唇活動幅度會加大，帶動陰蒂受到較多刺激（看陰戶構造而定）。

親愛的，靠過來

某些女士的陰蒂比較大，或者比較突出，在陰莖抽送的時候就能受到刺激。某些插入角度比較容易接觸到陰蒂，試試看吧。不是所有女人都能這樣受到陰蒂刺激，這時你需要其他手段，用手指或按摩棒刺激陰蒂。

抽送的生物力學

抽送有深有淺，在某個程度上是各種撫摸的組合。如果腿的角度恰當，還有刺激陰蒂的效果。慢慢來比較優雅，還是像打仗一樣拚命比較好？你選擇的變化要看你的伴侶與心情而定。

記住，女人陰道最敏感的部分是外端兩吋，這表示光是用龜

頭附近插入，就足以給女人大量強烈的快感。或許她只需要這樣就夠了。陰道前兩吋也是性交時最緊的部分，因為會充血膨脹。緩慢淺度的抽送已經是失傳的藝術，你要重新發掘它。

淺度——如果你們互相面對，伴侶的腿往外伸直，你就無法插得那麼深，只能淺淺進入，靠你的骨盆摩擦力刺激陰蒂。如果她在上面，可以控制你的深淺，但是從下面要輕一點，別推太遠。側面體位（俗稱湯匙體位，男性在女性的後方）也可以製造她想要的淺度插入。她的臀頰可以摩擦你陰莖露出來的部分。

中度——如果你在上，仰躺的伴侶屈膝彎腿，把腳放在床上／地板上／大毛巾上，可以插得比較深。她的雙腳撐著地，可以抬臀配合你，她的骨盆運動會比保持靜止好得多。這個體位適合「插入研磨」動作，而且仍然可以刺激到陰蒂。但是你抽送時要注意保持恥丘接觸。小心你放在她骨盆上的壓力，否則事後她的恥骨部位會瘀血酸痛。採用坐姿可以舒適擁抱，讓兩人接吻同時深入抽送。如果你很壯，四肢協調能力也很好，就試試站姿。她背靠著牆，坐在櫃檯或是較高的家具上，或是雙腿纏著你的腰。站著做愛總會有很多變化。

深度——如果伴侶喜歡接觸陰道後段，甚至壓迫到子宮頸，這才適合深入抽送。後方進入體位最適合深入抽送，景觀也不錯。可是這樣子兩人看不到對方，無法接吻或做其他身體接觸。男性在上的話，女性可以抬腿把膝蓋靠近胸前，讓男性深入。這個體位在抽送時無法靠身體摩擦刺激到陰蒂，但是有足夠空間讓你們用手刺激它。女方來做會比較好，因為她不必用雙手撐起自己身體。若要再深入，就用你雙手把她膝蓋推到她耳邊，臀部離地。或者你跪坐，她雙腳朝上，握住她的腳踝。當她膝蓋縮回，骨盆震動，G點也可以得到較多刺激。如果女性在上，可以直接坐在陰莖上方，前後左右扭腰。如果她往後仰，G點可以得到較多刺激。

變戲法：加點手指神功

　　你可以邊走路邊嚼口香糖嗎？同樣的道理，性交時一面刺激陰蒂準沒錯。不同的體位有不同的做法，甚至不一定要由你動手。女同志對這件事可是義無反顧。

　　如果你的體位正好可以用手提供穩定的刺激，就做吧。如果你搆不到她陰蒂，或是想鼓勵她自己刺激陰蒂，就輕輕抓住她的手放到陰戶，動兩下，然後放手讓她自己來。你還可以刺激會陰或肛門。運用你在「莎孚之愛」的「多多指教」章節學到的技巧，給她愉悅的手動刺激。性交中也可以使用情趣玩具幫忙。

應用知識

性交中如何刺激伴侶的G點？

　　刺激這個重點部位有很多方法。後方進入（小狗體位）可以深入抽送同時刺激G點。這個體位很有趣，但是要跟伴侶講明潤滑方式與手臂膝蓋疲勞的問題。如果她想要綜合模式，可以在枕頭上、臀部下放個電動按摩棒刺激陰蒂。另一個刺激G點的體位，是讓她面對你坐在你大腿上，她稍向後仰，前後扭腰。

我的陰莖很長，結果我女友覺得深入抽送不舒服。該用什麼體位最好？

　　不是只有陰莖超大的人才有這種問題。讓她在上面，自己控制讓陰莖進入多少。或者你們面對面側躺著，雙方都把腿伸直。側面體位也適合淺度抽送。如果兩人都是坐姿，讓她主導動作。有些女人天生就是不喜歡深入抽送，選個符合她需要的體位吧。

如果我的那話兒不夠長，但是伴侶喜歡深度插入，該怎麼辦？

這時最適合用小狗體位，她越弓著背，張開陰戶，你越能深入。如果你們想面對面，讓女性在上或把她膝蓋拉到耳邊然後抽送。坐姿也可以。不論用哪種體位，只要注意刺激她的陰蒂與其他性感帶，兩人應該都能樂在其中。

遊戲享樂

以下是幾種好玩的插入遊戲，可以增進情趣或改變步調：

看得到，看不到——這是用龜頭玩的淺度性交遊戲。跪坐在她雙腿之間，你稍微插入，龜頭轉兩下，拔出來，用濕潤的龜頭畫圈圈摩擦她的陰蒂。如此重複。賣力用陰莖挑逗她！

明鏡止水——性交不一定要一直抽送，即使小狗都會偶爾停下來。完全靜止也是值得探索的。你們躺下，身體盡量重疊緊貼，說簡單也很複雜，好像是禪宗的心傳，用單手鼓掌或是冥想。你插入她之後，兩人保持完全靜止，感受彼此的身體。

聽她呼吸，感覺她胸口起伏，注意她呼氣吸氣，也注意自己的呼吸。用每一吋陰莖密切注意在她體內的感覺。用身體感受她心跳。摒除所有雜念，用所有感官注意當下。讓感官的張力累積。你們的呼吸甚至可能同步，或者可能高潮。

你們開始動作時，會感覺像剛從仙境回來。或許你們會睡著，還有什麼比在伴侶體內入睡更安詳舒適？這是性交之後保持聯繫感的好方法。很多女人希望伴侶停留在她體內，靜止一下看看是什麼感覺。這個體位很溫暖祥和，但是某些女性容易因此尿道感染，陰莖長時間接觸尿道是有風險的。進行之前要詢問伴侶有無尿道感染的病歷。還有，即使用了保險套也不保險，因為很容易滑掉。

雙邊切換——這是性交中改變體位的遊戲，也是有趣的活

動。口交就是不錯的代換。從性交變成品玉，或從性交變成吹簫，從性交變成用按摩棒再變回來，從性交變成打屁股遊戲。自己發揮。

身體摩擦

很多身體器官可以用來刺激伴侶，甚至達到高潮。比起正常性交，跟這些器官結合也可以一樣親密、令人滿足。女同志會用大腿、腰部、乳房、臀部來刺激伴侶的陰戶，你也可以這樣。女同志花很多時間摩擦身體與生殖器，享受其中快感，很多人這樣子就能高潮。

你也可以用陰莖以外的部位刺激她。讓愛人跨坐在你大腿或屁股上，用胸部刺激她陰戶。身體摩擦可能是性經驗中最愉悅的部分之一。進門之前在門外多花點時間，這是聯繫與喚醒雙方身體的方式，所以全身都要動員。

總結

隨時嘗新，保持新鮮。例如在廚房做愛、在浴室做愛、開燈、點蠟燭、在車上、在攝影機前（記得把帶子藏好）、在山頂上，或者打破慣例來一發快炮（quickie）。要大膽作怪！

記得變換體位與韻律，跟伴侶保持親密，說說話，鼓勵她，告訴她插的時候感覺多麼美妙，要發問。越讓她掌握主導，越能提昇她的樂趣。她或許只要你爬到她身上進入，至少她開了口。要盡量知道她喜歡怎樣的性交刺激，然後用具體行動證實。當性交結束，記住，除非兩人都已盡興了，否則性愛並未結束。

肛門雙人組

現在來談談人人都有的可愛性感帶——肛門。每個人都可以享受肛門快感。女同志、男同志、異性戀都一樣。說到肛門，我們要鼓勵你學習女同志的角色。

禁忌之處

肛門除了是A片的例行公事之外，對異性戀則像是未經探索的銀河系。這個愛的小洞充滿了異性戀文化的禁忌，象徵著變態與污穢。

但是對許多人而言，肛門的禁忌正是肛交特別有趣的原因！許多嘗試過一次就不曾再做的人，對它的印象只是疼痛。肛交初期的疼痛與不適是自然現象。對很多女性而言，即使初次陰道性交的經驗也是充滿疼痛與不適。

老兄，當你對她談到肛交，這是你應該記住並與愛人分享的資訊——如果第一次感覺不滿意也別失望，萬事起頭難。女人第一次吹簫時，下巴可能扭傷或痠痛，你的肉棒或許還會意外地被咬幾下。

每件事都要靠練習，也就是說，尊重這個地方，它就能給你超越性交的愉悅。

我只用手指探索過肛門的快感。我很喜歡——它可以讓高潮持續很久。我想禁忌的本質就是它性感的原因。

——寇蒂斯，41歲，紐約

肛門的認同

我們對於把肛門當作性器官的疑慮與貶抑，來自我們對它的偏見。是啊，我們都聽過「那是出口，不是入口。」這句話。但是請暫時把陳腔濫調擺一邊，搖滾樂團Funkadelic是這麼唱的：「釋放你的心智，你的屁股就會自由。」

很多男女對肛交興奮的理由就因為這是禁忌。肛交影片就是一門檯面下的產業。很多男人都說想要嘗試，但是絕不會對伴侶提議，必須由女方提出才行。不確定伴侶能否接受的話，這確實是難以啟齒的話題。

不妨叛逆一點，在打電話玩虛擬性愛或甜言蜜語的時候提出來，看她的反應，詢問理由，搞不好你的伴侶其實早就想試了。

我們對肛門的認同與我們對糞便的看法大大有關。老實說，面對肛門，難免會面對糞便，那兒本來就是糞便的家。大多數人肛交其實不必大費周章也不會一團髒，只要多準備幾條毛巾以防萬一就行了。

親愛的，靠過來
肛門遊戲並不一定是「玩透或不玩」的二分法。不是非得插入手指、陰莖、玩具或是根本不碰那邊。你還可以用親吻、舔舐、撫摸等方式探索它的表面，看看感覺如何。

肛交入門必備物品

開始之前，有幾件東西是必備的：大毛巾、水溶性潤滑劑、口交護膜、乳膠手套、小毛巾或嬰兒濕巾（好用又好玩，有的還有加蘆薈露或維他命E）。

第一步：括約肌按摩

　　當你進攻肛門之前，先讓她身體其他部分暖身。你知道怎麼做……照她喜歡的方式吻她並撫摸她全身。

我告訴伴侶在大量身體愛撫之後偷偷溜到肛門來。

——邵娜，28歲，明尼亞波里斯

　　當你開始接觸括約肌前，最好先來點例行清潔工作。不論平時我們多麼仔細擦屁股，通常肛門附近還是會殘留少量排泄物渣滓。所以，用濕布或嬰兒濕巾小心幫她擦乾淨，可以讓她放鬆，不必一直擔心自己的屁股到底髒不髒。之後她就可以享受行動了。或者，你們可以洗個鴛鴦浴，讓兩人都放鬆。

　　再說一次，真實人生跟A片不同，不可以直接就塞進去。這個區域是肌肉構成的，如果肌肉緊繃著，任何東西插入都會痛。

我探索過肛門的快感。它對插入物非常敏感，必須小心處理。我經常因為不夠放鬆而感覺不到快感。

——珍，25歲，紐約

　　先按摩她的括約肌與周圍區域，尤其是會陰，這個性感帶經常被忽略。記好了，女人是陰戶到肛門，男人是睪丸到肛門。你可以用按摩油（一點兒就好）讓感覺更平順。按摩時用其他方法溝通，消除她的不安。躺在她身旁，面對她耳朵輕輕說話、親吻。

　　按摩時，要她深呼吸、放輕鬆，問她肌肉感覺如何。「妳覺得還很緊繃或是已經放鬆了？」如果還很緊，繼續按摩，對她說話，逗她笑，鼓勵她放鬆。

第二步：舔肛之樂

按摩整個肛門區域之後，可以來點舔肛之樂。舔肛(analingus)對男女都是一大樂事，不過一定要溫柔，就像對待陰戶一樣。

口交護膜很好用，慢慢用舌頭在肛門周圍畫圈圈。感覺洞口周圍高低起伏的皮膚——順著它，用舌頭舔。肛門非常敏感，你的舌頭會使它鎮靜。這樣或許她會變得很興奮，如果她放鬆了，肛門就可以接受初步的插入。

舔肛門有什麼不好？肛門是非常敏感的地方，柔軟的舌頭舔上去是非常舒服的！它讓我的肛門非常放鬆，而且情緒非常興奮。來點舌交也不錯。我也喜歡為別人舔，因為我知道箇中快感。我很注重衛生，所以肛門必須徹底清潔，才會專心、有快感。

——琳恩，25歲，丹佛市

用枕頭把她臀部墊高比較容易接觸到。她必須四腳朝天，浴缸就是適合舔肛的好地方，因為熱水有舒緩與清洗作用。她站著張開腿時，你要跪坐著，把雙臀扳開方便接觸，然後開始舔。

如果你膽子夠大，可以用舌頭插入她肛門。稍微進出幾下加上舔舐邊緣（rimming這個字就是這樣來的，rim也是舔肛之意），感覺會非常好。

還記得在前面品玉的章節學到關於護膜的事嗎？複習如何用乳膠手套做出特製護膜，舔肛的時候也很好用。把拇指部位套在肛門可以預防傳染性病。如果你是有潔癖的人，它也能消除衛生方面的疑慮。

第三步：進入

　　她完全放鬆後，你可以開始以手指探測。先用一根，單純一點。指尖慢慢進入，停留一會兒，等待手指周圍的肌肉放鬆。放鬆之後，再插入一些，幾乎整根抽出來，再進去，出來，慢慢向內推進。

　　沿路要與伴侶溝通：「這樣可以嗎？」「要我停止、進去或出來一點？」同時注意她肛門的曲線。肛門裡可不是一直線，請保持耐心找出可行的角度。如果她說不舒服，試試其他位置，直到問題解決。

　　她的身體反應可以告訴你很多事。如果她發出呻吟、雙腿大開、括約肌放鬆，表示你做對了，請繼續保持。如果她緊繃、蠕動，就要問她目前這樣有什麼問題。注意：如果你感覺不對勁，不要突然完全抽出來——這會讓她更不舒服，或者不喜歡。撤退之前要先警告她。

親愛的，靠過來

當你初次進入她肛門，尤其是她沒經驗的話，最好在舔陰蒂或吸乳頭的時候動手。如果她的注意力集中在肛門，期待插入可能使她太緊張。先取悅其他性感帶就可以避免這問題，讓你容易進入。

要潤滑！

　　好，再說清楚一點。我們提過乾燥的陰蒂受刺激時會非常不愉快，換成肛門更是加倍不愉快。在性愛天堂裡，插入乾燥的肛門是不可原諒的罪行。我們的肛門不像陰道一樣會自我潤滑（即使是陰道，好情人也會先確認有足夠潤滑才進入）。光是摩擦力就

可能讓你伴侶的肛門刮傷、紅腫、疼痛。這一點也不好玩。

如果你對於潤滑的事情並不熟悉，想要用肛門遊戲實驗一下，請把各種潤滑劑綜合包買回來！水性潤滑劑是床頭櫃必備的基本物品。進入她肛門的任何東西都要潤滑！口水也行，但是通常乾得太快，所以最好加上其他潤滑劑。

我們建議買綜合包是因為你或許想要嘗試不同的產品，看哪種最適合你們。有的比較黏稠，有的比較快乾，有的感覺油滑，有的很像人體天然的分泌液。

一旦發現自己適用的種類，就買一大瓶放在手邊。肛門是高度敏感的組織，必須小心處理。無知亂來或是太急躁只會帶來持續的疼痛。

安全第一

就像其他體液交換的性行為一樣，安全永遠是第一考量。肛交也有特別要注意的事。面對排泄物就是面對細菌，有兩個原因讓人必須小心。除了一般性病之外，如果你的伴侶是帶原者，A型肝炎、E型肝炎都能透過性行為與糞便傳染。還有，任何殘留物從肛門進入陰道，伴侶都可能罹患又癢又痛的陰道感染！

女同志對陰道感染的問題比較注意，因為大多數一生中都至少患過一次。患病原因有很多種，它本身並不算是性病，但是女人與其他女人的之間性行為可能傳染。

親愛的，靠過來

絕對絕對不要把任何進過她肛門（或你的肛門，或其它髒地方）的東西靠近或放進她的陰道。這一點非常重要。上述行為會干擾她正常的酵母菌平衡，事後很快就會引發陰道感染，你就要很久很久沒得玩。你也不希望這樣吧？她不開心，對未來的肛門探險也是掃興的因素。

女同志對乳膠手套也不陌生，因爲常用它玩肛門遊戲。要記住哪根手指去過哪裡，不要用在錯誤的洞穴。如果你實在很健忘，至少可以用左右手分別處理不同的洞穴。

例如用左手摸肛門，右手摸陰道，或是反過來。不過激情起來還是很容易搞混，所以最好用手套接觸肛門，摸完還可以脫掉手套，自由運用雙手。

還有個好用的乳膠製品叫做指套（finger cots），是手指專用的小型保險套。這玩意很適合肛門，尤其是她只接受一兩根手指的話。使用容易又不會弄髒。只要事前捲上去，事後捲下來即可。通常在情趣用品店或在醫院、藥房或醫療用品店可以買得到。

記住：不要把任何油脂類與乳膠混用。油脂會溶解乳膠，保險套或手套會破大洞，這種事你可不要輕易冒險。油性潤滑劑包括凡士林、嬰兒油、按摩油、烹飪用油與任何含油脂的東西。有些人因爲滑溜感愛用油性潤滑劑，但是爲了安全起見，最好用水性潤滑劑搭配保險套。

爲什麼要肛交？

被插入讓人有種被征服感與解放。肛門被插入時，人們在身心兩方面都以深奧的方式被開啓了。我們在肛門累積了許多壓力，插入它能夠釋放許多壓力，讓人很輕鬆，但是我們嘗試之前需要先放鬆。一旦嘗試肛交，體內能量會開始以不同的方式流動。

如果每個人都開放自己、接受肛交，我想世界會變得更好……它是禁忌，是深沉陰暗之處，不該談論、觸摸或扯上性愛。但它不只是性愛……它讓人身、心、靈都開放了。某些人無法承受這種狀況，我卻愛死了這種刺激。

——賈姬，38歲，加州聖塔芭芭拉

有過愉快的肛交經驗的女性都說它與陰道插入不同。某些人可以在肛交時高潮（通常要搭配陰蒂或陰道刺激），而且比其他方式的高潮更強烈。你們這些還沒試過的人，該是克服肛門恐懼症，開始遊戲的時候了。

刺激肛門使我的高潮神奇地提昇。我從未光靠肛門遊戲高潮，但是肛門加上陰蒂刺激的高潮比純粹的陰蒂高潮更強烈。

——蘇珊，29歲，紐約

我的屁眼同時受手指刺激時，高潮猛烈多了。

——唐娜，22歲，紐澤西州澤西市

肛門與陰莖的慢舞

　　或許你們已經用手指實驗過一陣子，然後決定勇往直前，直接嘗試肛交。你也知道基本原則：長久醞釀、絕對放鬆、充分潤滑。好，現在你要插入了。請運用所有新學到的女同志技巧：龜頭放進去的時候要保持溝通，用溫柔的談話、親吻與撫摸幫她放鬆，手掌與手指放在乳房與陰戶上。

　　就像陰道性交時，不可以一下子把潤滑的陰莖全部塞進去。慢慢來，就跟用手指插入的時候一樣。龜頭進去之後，出來一點，然後慢慢再進入更深，每次只推進一點點，中間間隔久一點，讓她的肛門感官調適。請她感覺任何疼痛時一定要告訴你。必要時加入更多潤滑劑。

我發現我需要大量潤滑劑、水與電動按摩棒來刺激陰蒂，因為肛門插入是不同的體驗，有時甚至更強烈。剛插入時需要陰蒂刺激幫忙，物體一旦完全進入肛門，抽送碰撞就不需要陰蒂刺激了。

我也發現越能主導控制插入，感覺越愉悦。

——吉莉安，26歲，布魯克林

你進去了，她也沒問題，就可以開始慢慢移動。就像你第一次嘗試陰道性交（如果你沒試過或不熟悉肛交的話），彷彿進入一個新世界。

你跟伴侶必須探索、實驗，找出適合的肛交模式。她喜歡妳怎樣移動？深或淺？輕柔緩慢或快速用力？你們還要探索不同體位：男在上、女在上、後方進入、女方躺在床上或高家具上的站姿。

哪種體位最方便刺激陰蒂、插入按摩棒，或兩者兼用？這是利用電動按摩棒的好時機，因為你們都要注意許多別的事，按摩棒可以負責照顧陰蒂，給她快感，讓她放鬆。

角色互換

給男人的最佳忠告，就是他們也應該學著放輕鬆接受肛門插入。我想肛門插入對男人特別重要，因為聽說他們的G點在脊椎末端，這樣比較能直接刺激到這個部位。可憐的異性戀男人拒絕了強烈高潮，只因為他們自認需要維持「在上」、「插入者」的男子漢角色，或者他們從來不知道有「陰莖—陰道」之外的性愛方式！

——山姆，34歲，布魯克林

我曾經把一個男人翻過去，用手指進入他。或許這是我畢生最刺激的性經驗。

——凱倫，24歲，紐約皇后區

大問題來了：你們曾經想過被女友翻過身來，插你肛門嗎？很多女性幻想這樣對付她的男伴。她們渴望知道「扮演另一邊」是什麼感覺，擁有另一種性愛的權力，也讓男伴體會一下被插入是什麼感受。

我其實很想帶上假陽具，把我男友翻過去，但是他不同意。男人幹嘛這麼害怕呢？同性戀已被污名化了，如果他們的屁股被扳開，好像是在質疑自己的性別似的。直到最近我男友才肯讓我摸他屁股。

——梅琳達，22歲，荷蘭

　　試想：如果你從來沒被插入過，如何把一再插入伴侶的行為合理化？如果你堅決反對讓伴侶碰你的屁股，問問自己為什麼。如果是因為造成某種認同危機或認為會被當作 gay，請忘了這種說法！同志們也不只是靠肛門快感。
　　同志恐懼症似乎是異性戀男人不碰肛門的主要原因。稍玩一下肛門並不表示你該到同志酒吧去混或是性別認同會受質疑。請替被你忽視的可憐肛門想想，你可能會驚訝肛交竟然如此美妙。當然，不是每個人都喜歡，但是在嘗試之前不要排斥它。

他喜歡我在吹簫的時候同時用假陽具，可以讓他非常放鬆，得到美妙的高潮。我也喜歡提供他不同的東西。

——璜妮塔，26歲，聖安東尼奧

　　男士們，你的肛門可以成為新的遊樂場！開闢另一個場地還能夠分擔陰莖的壓力。

親愛的，靠過來

很多男人表示他們的肛門受刺激時高潮比較強烈。你的肛門裡有女人沒有的東西：攝護腺。這是眾所周知的男性性感帶，經常被稱作「男人的G點」，喜歡受刺激。接觸它的通路就是…對，你猜到了，經過你的肛門。

你的攝護腺位於膀胱下方，年輕人的大約有一個胡桃那麼大，之後會隨著年齡而增大。

我從純粹的肛門遊戲無法達到真正高潮，但是肛門與陰莖並用時，就是非常愉悅的組合。

——李察，50歲，加州柏克萊

剛才提到所有關於肛門的事都適用於你。動作放慢、放鬆、從小處開始，多練習。

如果你只希望觸摸外部或用小指，也無妨。但是你夠勇敢的話，很可能伴侶也會樂意把你翻過去為你服務。放輕鬆，好好享受這種體驗。

如果你對這整件事有強烈的反感，或許是因為無法擺脫習慣扮演的角色。

女同志在這個領域遙遙領先。她們的角色沒有嚴格劃分，可以在性關係中創造任何想要的新模式。這樣很自由，容許實驗、擴展、演變。如果你要從本書學點東西，就學這個。

放掉你一輩子緊抓著的任何刻板角色，允許自己在性愛感官方面踏入新領域。

性愛是一種享樂方式，不要每次都朝著單一目標前進，這樣新鮮感很快就會疲乏。

不論你喜不喜歡肛門遊戲，重點是享受過程，找出自我開放的方式，尋求新層次。樂園就在眼前，只需開放溝通加上伴侶的協助就能到達。

第六章　視野大開

Expanding the Horizons

玩具進行曲

我們交往將近八年了。我們都愛用情趣玩具，它大幅提昇兩人之間的性生活。如果興致來了但是太晚太累，電動按摩棒可以立刻強化我們的性能量與興奮度！我們想出所有的按摩棒體位，從全身刺激，到不必用手的接觸，甚至完全靠視覺刺激。

——羅賓，40歲，布魯克林

玩具的愉悅

性玩具的歷史可以溯及文字記載之前，但是至今仍然充滿誤解、曖昧與負面聯想。它們被藏在床底下、抽屜裡、衣櫃裡。人們對性玩具的印象，會投射到使用它的主人身上。

女同志對性玩具絕不陌生，可能有人認為，她們經常使用性玩具表示在某方面慾求不滿或是病態。其實，女同志愛用玩具可以歸因於靈活的角色扮演，以及追求性愉悅的廣大包容性。女同志知道快感來自許多不同的方式，今天或許是熱吻與手動刺激，明天或許是狂野誇張的性交，用貼身假陽具加電動按摩棒互相刺激陰蒂！

我們非常開放，會討論喜歡的東西。幾年前我們決定買了電動按摩棒，而且很喜歡這種新鮮感。

——克莉絲蒂，26歲，賓州中央市

對於性玩具，我們收到的意見相當分歧。很多人提供了玩具如何改善他們性生活的故事，也有人沒這麼開放。有位先生說：「我才不需要靠玩具！」這暗示著一個觀念——只有無法自己掌握

快感的人才用玩具。無論你對玩具的印象如何，請姑且打開心胸，聽聽性玩具在女同志臥室裡代表的意義。說不定會讓你眼界大開。

不是所有女同志都愛玩具，但是我覺得玩具很棒！我想它是遊戲中的幫手。可以是假陽具、按摩棒等小東西，或是不同的造型服裝。如果你放鬆，它能夠強化感官或情緒。如果你的女伴喜歡陰蒂刺激，當你忙著其他事的時候用按摩棒幫忙很不錯。你要給自己適應的時間，一切就看你自己。

——派翠西亞，35歲，維吉尼亞州阿靈頓

按摩棒：非女性專用

會震動的按摩棒是美國醫師在19世紀後期發明的，用來治療有「女性失調」（female disorder）症狀的婦女。標準的醫療方法是用它按摩生殖器，引發病人「歇斯底里的發作」（hysterical paroxysm，就是現在所謂的性高潮）。

如果可以頒諾貝爾和平獎給按摩棒，原因一定是造福數百萬人，幫他們自慰成功。

我男友應該感謝我的按摩棒。它讓我得到單純的性滿足，當男友不在身邊，才不至於飢不擇食。

——凱倫，29歲，亞利桑那州坦伯市

按摩棒是女同志的老戰友了。很多男人也喜歡這種密集刺激，不過通常它在女性族群中比較受歡迎。你可以用它沿路按摩你的陰莖、睪丸、會陰、肛門，肛門裡面（刺激攝護腺），還有乳頭。有很多男性專用的按摩棒，可以套在睪丸周圍或陰莖根部。

採購按摩棒的好理由

- 打破單調，增添情趣。不同種類的刺激可以提供不同種類的快感與高潮。
- 為男女雙方提供持續且強烈的刺激。女人尤其需要按摩棒這種持續密集的刺激。而且不必累到手抽筋！
- 對於未曾高潮的女人，按摩棒是學習如何高潮的寶貴工具。
- 它在性愛中提供額外快感，讓你可以空出手來做其他事情（依按摩棒種類而定）。
- 全身上下皆可用，你或許會發現自己都不知道的新性感帶。
- 你跟伴侶可以共用按摩棒，分享震動之樂。
- 你的陰莖不必總是扮演主角。

敏感度

按摩棒的刺激對於不熟悉此道的女性而言可能太過強烈了。沒關係，不是所有女性都喜歡按摩器的刺激。但是對大多數女性，它正面強化了她們的快感。

按摩器的力道與耐用程度各有不同，有的可以提供比較擴散的快感，有的則是比較集中的震動。

無關競爭

某些男人常有的恐懼就是他們的愛人會對按摩棒「上癮」，再也不需要他了。按摩棒跟一個愛你的人完全是兩碼事。放心，仍然會有人需要你、欣賞你、喜歡跟你維持健康的關係。

你是她的情人，玩具無法取代一個活體的情慾，也無法提供她需要的情感與心理聯繫。在你們願意開放嘗試的前提下，玩具才可以提昇你們的關係。

按摩棒對女性陰蒂的刺激，與你的舌頭、手指或其他玩具是絕對不同的。有時候她可能偏好某種刺激勝過其他種。女性有可

能習慣使用按摩棒，但只是用來增進情趣的助手，這才是比較健康的想法。

親愛的，靠過來
按摩棒不是你的競爭對手，而是有用的好幫手。

如何選擇按摩棒

按摩棒是送給情人的好禮物，可以為你們帶來超值的愉悅。選購時請考慮以下幾點：

力道——插電的按摩棒，可提供持續的強力震動，使用壽命較長。裝電池的比較便宜，方便攜帶，可提供柔和的震動，但是撐不久。用大電池的按摩棒通常震動力比小電池的強，所以你要想好你們需要多強的威力。強弱可是差很多的。

速度——速度調整功能對你與伴侶或許很重要。它可以調整到符合某人的快感，或是限制速度——通常是兩段或三段變速。

價格——第三個要考慮的是預算。從只要10美元、不太耐用的新奇型，到70、80美元甚至100美元的高檔貨都有。記住，按摩棒是可以帶來許多快樂報酬的投資！

適用性——某些按摩棒是用來插入的，某些不是，某些則有奇形怪狀的附件或是多點接觸的分叉。決定購買之前，先想好你要怎麼使用按摩棒。

按摩棒的祖師婆婆

說到把按摩棒變成家喻戶曉的名詞，居功厥偉的就是號稱「自慰教母」（Godmother of Masturbation）的貝蒂道森（Betty Dodson）女士，她把綽號「日立魔杖」（Hitachi Magic Wand，亦

謔稱爲按摩棒的凱迪拉克）的背部按摩器改良成了電動按摩棒。卅餘年間在BodySex工作室與私人指導課程中，她教導了幾千位婦女認識自己的生殖器，如何愛撫它，如何達到高潮。她也指導過夫婦與男士，幫助他們克服性障礙，發揮他們的情慾潛能。

道森女士推廣日立產品，因爲它是插電式，能提供強力的震動而且很耐用。可以用在整個陰戶、男人的陰莖與睪丸，甚至痠痛的脖子與背部（當然，這才是商品原本廣告的用途）！它的頭部很柔軟，可以把強力震動擴散開來。有時候震動太劇烈了，會讓陰蒂或陰莖的神經暫時麻痺一會兒。糾正這個弊病的簡易方法就是在按摩棒與生殖器之間用毛巾當緩衝，預防麻痺現象。比方說，你可以先從隔著兩三層毛巾或衣物開始，漸漸改成只隔一件或直接接觸，隨你喜好決定。

手杖型的按摩棒不適合插入，但是有選購的附件可用於插入陰道或肛門。附件可以平均分散震動力或是傳得更遠。也有些是用來強化震動力，例如男士專用、套在龜頭周圍的come cups；或是彎曲造型、裝在手杖末端的G-spotter。G-spotter的彎曲角度可以用來插入女性，刺激尿道海綿體（G點），或刺激男性肛門內的攝護腺。

如何選購

有的按摩棒構造很簡單，有的非常花俏，價錢也不便宜。有些女性喜歡震動的玩具插入陰道或肛門，於是有的玩具就開發出多種功能與速度，因應不同用途：像是旋轉的棒狀物加上刺激陰蒂用的兔耳朵，兩者會同時震動，旋轉棒甚至可以刺激到G點。如果你或伴侶想要用按摩棒插入肛門，記住要選用底部加寬的，因爲細小又潤滑的按摩棒很容易滑入直腸，再也拿不出來。你可不希望進急診室、上報紙吧？

選購按摩棒時，先考慮下列問題：

- 覺得噪音很煩嗎？（有的聲音比較大）選購前要先聽再買。
- 按摩棒要有多大力道？
- 要隨身攜帶型的嗎？
- 要可以用來插入陰道或肛門的嗎？
- 要可調整速度的，或者一兩種速度就好？
- 有多少預算？

　　購物就是要開心，你可以買來送給愛人一個驚喜，或是跟她一起去選一個彼此都中意的。到信譽可靠的情趣商店，店員通常十分專業，可以幫你很多忙。別害羞，走進去拚命發問吧。

菜鳥與老鳥：認識你的威力工具

　　認識按摩棒的最佳方法就是自己親身體驗。來，握緊，把電源打開，先用低速，然後逐漸加強。感受每個等級的強度之間的差異。把它放在自己腹部，感受它的震動傳到胯下。沿著身體往上移動，用它挑逗一邊乳頭，然後換另一邊。感覺如何？很舒服？太猛？你喜歡較輕的刺激，還是馬力全開的深層壓力帶來的感受？

　　這些不同的感官會施加到你伴侶的身上，所以要盡量敏感對待她，就像對待自己一樣。再把按摩棒沿身軀往下到陰莖根部，繞著它挑逗，不要碰到陰莖本身。然後移到你大腿內側，陰囊下方，感受輕重兩種震動碰在會陰的感覺，也就是肛門與陰囊之間的敏感地區。

　　再往下移到肛門外圍，別插入，只要挑逗，感受無插入的震動波傳遍整個骨盆。輪流用最輕柔的接觸、紮實的碰觸與深入摩擦、震撼全身的強震。

　　記住，以上這些都只是你粗壯的男性身體的感覺。現在想像同樣刺激施加在極度敏感的陰蒂，或是在她細緻的陰道組織中抽

送的感覺。

現在你知道操作按摩棒需要多麼靈巧的技術了吧？對愛人使用按摩棒，最棒的是你的腦子不必跟著老二團團轉，至少不像一般性交的時候。

你可以更加注意她，看清她身體的提示與信號，下次你用自己的棒子插入她，會是一個更好的情人。

兄弟，送你一句金玉良言：太多震動與壓力會把她的陰蒂烤焦的──也就是說，害她喪失知覺而非把她帶到高潮。但是以深思熟慮、近乎藝術手法的運用，可以把按摩棒變成驚人的性愛催化劑。

親愛的，靠過來
如果你的愛人已經有一支按摩棒，請她示範她的用法給你看。然後依樣畫葫蘆，照她喜好融入做愛的流程之中。

不熟悉新玩具的人，請依照這個步驟：

先讓她感覺舒服放鬆，首先是大量親吻，然後用按摩棒按她脖子、肩膀、乳房上方。讓她身體的大部肌肉習慣震動的感覺。碰到骨頭要小心。然後移到大腿，先是外側後是內側，慢慢接近到陰戶。用按摩棒越過腹部到達乳房，刺激她的乳頭。

然後回到大腿內側，這次開始用最輕震動刺激大陰唇，然後是恥丘，把震波傳到陰蒂去。接著探索小陰唇與陰道口，但是別插入──時機未到。低頭給她陰蒂幾個輕吻，吸幾下，讓它興奮膨脹。最後，接觸陰蒂，刺激柱體、外皮、還有柱頭（如果她承受得了）。

假使你用的是可插入的按摩棒，或許可以試試進出抽送的方式。找出她的興奮點，請她自己用棒子指出來，示範自己喜歡的做法，同時刺激她身體其餘部位。一如慣例，要熟記於心！

親愛的，靠過來

很多女性反映，陰道插入同時加上陰蒂刺激，獲得的高潮更為強烈。你可以一面用按摩棒刺激陰蒂，一面用手指插入陰道。如果你的陰莖討厭旁觀，另一個做法是，正常性交時用按摩棒刺激陰蒂。這是確保伴侶在陰道插入時也能高潮的好方法。

安全與清潔

- 避免經由玩具傳遞性病的最佳方法，就是不要與他人共用——對每個性伴侶只用他／她專用的那一件。
- 很多按摩棒是可以套上保險套的。如果你與伴侶共用，玩具換手時要換上新保險套。連日立按摩器都可以裝保險套。你也可以先套上兩層，在換人或換體穴的時候剝掉一層。
- 每次使用玩具之後應立即清理乾淨，以免滋生細菌。如果你對乳膠過敏，或因為其他原因不使用保險套，應該在某人用過、另一人使用之前將玩具清理乾淨。
- 你可以用有殺菌功能的清潔劑清洗玩具，例如酒精或氫氧化物，或是情趣商店販賣的專用清潔劑（但是會比一般家用品貴得多），用肥皂水應該也足夠了。
- 電動按摩棒不可泡在水裡洗——有觸電之虞，絕對不行！可以用殺菌肥皂加溫水沾濕後的布擦乾淨，然後用清水擦掉殘留的清潔劑。按摩棒的乙烯橡膠材質附件可以放在洗碗機的上層架子清洗。

假陽具與繫帶式陽具

　　假陽具（dildo）意指不會震動的玩具，男女都可用來插入陰

道、肛門或嘴巴。它創造一種很多人認為很愉悅的充實感與壓力。可以握在手上，也可以用皮帶綁紮在身上。雖然dildo 這個字源自義大利文的 diletto，意為「愉悅」，但是卻比其他情趣用品背負了更多污名與誤解，尤其是女同志使用的時候。

繫帶式陽具（俗稱 harness 或 strap-on）裝有一個假陽具，用皮帶綁在腰圍與骨盆上靠近恥骨的位置。也有些是綁在大腿上的。如果你想佩戴繫帶式陽具，注意要用底部放大加寬的，以免滑掉。

女人什麼都有

我們的抽樣群體中，某些男士很疑惑為什麼女同志需要用假陽具：「那不就是模仿男人嗎？」有位女同志尖銳地回答：「不，這是兼備兩性之長。我可以找個女性伴侶，享受女體的所有優點——柔軟的肌膚與乳房，她也可以用自己的假陽具插我。她同時擁有乳房與陽具。」

對喜歡插入的女同志而言，有陽具的女人真是酷斃了。這不表示她想模仿男性行為或是異性戀模式，正好相反——知道如何使用陽具的女人最迷人了！女人綁上陽具做愛，跟男人使用自己的陰莖是不同的。話說回來，女同志圈子裡對於繫帶式陽具的評價也是見仁見智。有些女同志認為它是負面的，違反了女同志的性文化；有些人則從來不用。

女同志的陰莖

很多女人對她們的假陽具抱有情緒與心理上的感情。它不只是人工配件，對某些自我認同為「中性」或「男性」的女同志，陰莖就是男性認同的象徵。但是這不表示她們「想當男人」。如果我們用較大的彈性看待性別差異，會發現男性經驗與女性經驗同樣都是很廣泛的。男人婆並不是男人，她有她自己的性別。很多

女人被男人婆的性魅力吸引，但不會靠近生理上的男人。人們以不同的方式表達性別，將所有人都以性別二分法的類型看待實在太簡化了。

如果有較長的性愛時間可以慢慢品味，我就會使用繫帶式陽具。綁著它摩擦女友臀部給她驚喜，讓我非常興奮。

——珍娜，39歲，西雅圖

　　不是只有男人婆喜歡假陽具。各種女人都用它、喜歡它，只是未必對它產生感情。它只是另一種取悅的工具。

　　我們的團體中有位女士解釋，使用繫帶式陽具的樂趣之一，是它的底部壓迫到她的陰蒂，隨著抽送動作，她的陰蒂得到了快感，所以插入伴侶時也可以高潮。男士們聽了都非常驚訝，從來沒想過繫帶式陽具能帶給使用者肉體愉悅，更別說讓人興奮的心理因素了。

以前我總是喜歡用它，每當我綁上假陽具，它自然動變成我的陰莖，感覺像是身體的延伸。但是現在我覺得不論是否連在身上，所有玩具都是我的延伸。我不必把它綁上才有感覺。

——琳恩，29歲，匹茲堡

擁有至少一根假陽具的好處

- 假陽具不是陰莖的代用品——它提供變化的選擇，滿足多變的性慾。
- 很多男女喜歡被插入，每個人對插入物的長短粗細各有偏好，假陽具讓我們得到想要的尺寸。
- 用假陽具隨時可以玩插入，不必依賴興致高昂的男性伴侶。很

多人自慰的時候喜歡用它。

- 某些女性喜歡同時插入陰道與肛門的感覺。
- 假陽具對喜歡肛交的人很有用，可以從小型開始，隨著直腸擴張逐漸換用大尺寸。記住直腸與肛門非常敏感，必須小心練習。
- 男女想要實驗插入卻不要伴侶在場時，假陽具很有用；或者伴侶在場時，可以用來示範自己喜歡的方法。
- 女性對真人吹簫之前，先拿它來練習很合適。
- 適合想要被女伴插入的男士，她可以綁在身上或是用手拿著。

男人與假陽具

我還沒試過綁上它插我男友，但是我有一根。我只是在等他讓步。他會單獨插入自己，我想他只是怕讓我動手。

——珊卓，24歲，洛杉磯

某些男人對假陽具的不悅與它對自己的意義有關。傳統上，陽具是男性權力與特權的具體象徵，某些男人看到女人也掌握這樣的權力，會有受威脅感。出於自身的同性戀恐懼症，很多男人討厭假陽具，尤其害怕女伴用假陽具。但是請記住一個人的性傾向與他／她喜歡的性行為是很不同的。

親愛的，靠過來

別以為自己有陰莖就不需使用假陽具。其實用假陽具的好處很多，或許你會發現它對性行為也是一種刺激加料。

男人幹嘛用繫帶式陽具？

我偶爾會用假陽具刺激自己或伴侶，完全看伴侶而定，最近一個伴侶根本不喜歡這玩意。我比較喜歡願意在性愛中使用按摩棒或

其他玩具的伴侶，只為了打破禁忌，嘗試新事物。

——蓋瑞，41歲，波士頓

　　真正的男子漢才會願意佩戴假陽具。心胸開闊的男人有很多好理由可以考慮使用它。第一，說不定很有趣，你可以假扮「雙鳥人」，讓快感與樂趣加倍。如果你伴侶喜歡同時插入陰道與肛門，總有辦法可以控制你的陰莖與假陽具來個「雙管齊下」。假陽具提供大小的變化，或許伴侶會喜歡。或當你因某種原因無法勃起，至少還有繫帶式陽具可以使用。

　　此外，對肢體殘障的男士，假陽具可以恢復他們用陽具取悅伴侶的能力，增加性愛的可能性，大幅提高男性自尊。其實，有一家假陽具的績優製造商就是由殘障男士創辦的。

　　別忘了許多異性戀男士也喜歡肛門被插入。你的伴侶可以綁上傢伙插入你，不只痛快，也是有趣的角色對換遊戲，更是拓展性快感的好方法。很多女人幻想扮演進入別人的角色，這是讓她示範的好機會。

親愛的，靠過來

如果你射精之後軟掉，但是伴侶興致未消，可以用假陽具繼續工作。這麼做表示你體貼伴侶的需要，而非只在乎自己小弟弟的爽——這是異性戀女性最詬病的一點。

選購與使用假陽具

　　假陽具的長度、寬度、造型、顏色與樣式五花八門，你要找一個符合你所有需求的產品。有些是「寫實型」，上面有血管毛細孔之類，也有些是比較不寫實的動物或裝飾藝術造型。有些精心設計，看起來像藝術品的假陽具，甚至採用木頭、硬塑膠、陶

瓷、皮革、金屬、合成樹脂或壓克力製造。

　　基本上，假陽具多半是用矽膠做的，有彈性、能吸收體溫、清洗也容易（最好是加上保險套）。某些產品有漂亮的曲線，很適合用來刺激女性G點或男性攝護腺。記住，如果要用於繫帶式陽具，底部要扁平狀的。某些有根部可拆裝吸盤等等特殊功能，可以吸附在堅硬表面，讓人單獨玩跨騎體位。

　　還要想好你跟伴侶需要多長多粗的假陽具。用來插入陰道的話，要看女方喜歡深入到觸及子宮頸或是較淺的插入。若是插入肛門，男女雙方都應該從小尺寸開始，再逐漸換成大尺寸，除非你們已經試過更大的東西。假陽具不可交換使用，所以要認清楚！別忘了如果把它用於繫帶式陽具，使用時至少會損失半吋原始長度。

親愛的，靠過來

了解電動按摩棒，也要了解假陽具。如果你想把它插進伴侶肛門裡，應該先知道它在自己肛門裡是什麼感覺。

皮帶出動

　　皮帶（strap-on）通常是纖維、尼龍或皮革材質。纖維皮帶可以用洗衣機清洗，比較便宜；皮革製品比較舒適耐用，但是昂貴。皮革皮帶壽命較長，如果你自認會常常玩這種遊戲，最好買皮製的，如果你有皮革戀物癖，那就更適合了。皮帶中間有個環讓你放置假陽具，有人覺得金屬環比較吸引人，但是有彈性的乳膠環比較不會損傷假陽具。

　　皮帶有幾種款式，兩條帶子型的男女兩性皆可用，男性戴起來比較舒服一點。帶子各自綁在左右大腿上，比較容易接觸到佩戴者的肛門與生殖器。兩條帶子的比較穩定，適合身材高壯的

人。單一皮帶型的可以讓男性當陰莖環使用，女性也可用。不喜歡穿丁字褲、吊襪帶的人恐怕不會喜歡這一型，因為帶子會通過兩臀之間。另一方面，也有人喜歡帶子在兩臀之間的刺激。也有皮帶可把假陽具固定在大腿上，適用於特殊的變化。

皮帶上的環要確定能夠容納你們打算用到的所有假陽具。如果會用到很多種不同的尺寸，或許你們應該買能夠調整環型大小的產品。

皮帶不一定便宜，如果你不確定自己喜不喜歡這種遊戲，可以先從便宜的纖維皮帶嘗試。如果你非常確定，就長期效益而言，買比較貴的皮革材質反而比較划算。

安全與清潔

- 再說一次，潤滑劑很重要，因為假陽具不像生殖器可以自我潤滑。某些橡膠玩具有滲透性，會吸收愛液。假陽具跟用來插入的體穴都要予以潤滑，除非是用在嘴巴裡，這時候就不需要人工潤滑，況且滋味也未必愉快。（除非你特別偏好人工調味的潤滑劑，那就另當別論）

- 使用後，假陽具要用溫水加殺菌肥皂，或情趣玩具專用的洗潔劑徹底洗淨，接著用水沖乾淨。如果有灰塵或異物附著在上，下次使用前還要再洗一次。最好是把它保存在防塵塑膠袋裡。

- 矽膠製假陽具可以放在鍋子裡泡水，用爐火煮沸三分鐘，藉以殺菌。橡膠材質不要拿來煮，否則可能融化變形！

- 清洗之後，最好任其陰乾再收起來。毛巾上面有灰塵與絲線碎片，可能附著在假陽具上。細菌與病毒無法在乾燥表面生存。為了防止變形，請採取直立放置。

- 如果你與伴侶共用假陽具，要小心。不是換手時用另一個保險套保護，就是用兩層保險套，換手時剝掉一層。或是換手前徹底洗淨，以避免體液交換。

- 我們建議你，使用橡膠製假陽具一定要搭配保險套，因爲它表面比較粗糙，難以清洗。凹凸不平又有滲透性的表面是細菌的溫床，此外保險套也能讓便宜的橡膠玩具延長壽命。
- 除非經過清洗或換保險套，絕對不要把任何進過肛門的東西再放進陰道或嘴裡，否則會導致痛苦的病菌感染。預防疾病的最佳方法就是用保險套，每個體穴用一個，或是換穴時剝掉保險套，以確保玩具接觸陰道時不會帶著細菌。
- 皮帶可用濕布沾上洗潔劑擦拭，然後沾清水擦乾淨，此外市面上也有讓皮革帶子保持柔軟的特製保養油。

為什麼你與伴侶應該考慮試用繫帶式陽具？

- 無論男女，想要玩無風險的插入遊戲，最佳方法就是用繫帶式陽具。
- 對性別角色轉換有興趣的女性，假陽具是探索自身潛在陽性人格的好工具。戴上陽具是許多女性轉換性別的終極性幻想。有些女人就是想當有陰莖的女人！初次綁上假陽具時，有些女人覺得好笑，也有些覺得權力大增。
- 繫帶式陽具能在性愛中製造劇烈的角色變換，拓展你們的性幻想與角色扮演遊戲。
- 男人也能用假陽具，無論是因為興奮刺激或是不舉。
- 喜歡陰道肛門雙重插入的女性，男伴可以綁上假陽具跟真正的陰莖並用。女性也可以同時佩戴兩個假陽具，對伴侶做雙重插入。或是一個自用，另一個服務伴侶。
- 繫帶式陽具讓你空出雙手做其他事。

肛門玩具

現在你已經初步認識了肛門遊戲的愉悅，我們來談談帶給你肛門快感的有趣玩具。

珠鍊

肛門專用珠鍊（beads）是挺受歡迎的入門玩具，因爲它很小。通常這是把橡膠或塑膠製的珠子串在尼龍線上，大小從彈珠到壘球不等。

很多人喜歡肛門沿著每顆珠子張開／收縮的感覺。一顆一顆塞入很有趣，有的人還喜歡在高潮時把線一次拉出來，使高潮收縮更強烈，增加快感。這對其他人或許太猛了，所以珠鍊最好是高潮前或高潮後拉出來。若是塑膠製的珠鍊，使用前要用修指甲的銼刀把任何尖銳突出的部分磨平——否則會刮傷肛門。

肛門栓

肛門栓（butt plugs）有很多不同的尺寸、形狀、顏色，有個扁平的底座防止滑入直腸，在某些方面跟假陽具很類似，只是比較小，形狀不太一樣。很多人喜歡肛門栓插在肛門的充實感。有人覺得會震動的肛門栓很棒，也有人覺得不舒服，好像連內臟都震歪了。喜歡的人把震動肛門栓當作選用配備，看心情決定要不要打開震動功能。

若要講究安全、方便、清潔，可在肛門栓加上保險套。某些產品是用透明橡膠做的，表面比較粗糙，所以要跟假陽具一樣採取預防措施，以免滋生細菌。

要享有愉快的肛門遊戲，先讓括約肌放鬆很重要。深呼一口氣，比較容易塞入肛門栓或假陽具，或許你已經聽膩了，但我們還是要碎碎唸：潤滑、潤滑、要潤滑！肛門遊戲中潤滑劑的重要性與必要性值得一再強調。我們說過，肛門不會自我潤滑，所以手上要準備足夠的潤滑劑，不要吝嗇。因爲肛門有很敏感的組織，需要照料，否則很容易撕裂傷，但只要練習加上耐心，也很容易擴張容納較大的肛門玩具。

其他玩具

乳頭夾

很多男女喜歡乳頭被夾住的強烈快感。夾子產生穿刺的感覺,夾得越久,拿掉的時候感覺越強烈。夾一陣子乳頭就會麻痺,所以拿掉夾子的時候乳頭會甦醒過來!

乳頭夾(nipple clamps)在綑綁遊戲中很受歡迎,稍後我們在「性愛變奏曲」章節中會做比較深入的說明。很多男人從來沒想過開發乳頭的快感,其實它潛力無窮,即使你們不喜歡夾子的強烈刺激,也不要冷落了你們的乳頭。

親愛的,靠過來
情趣玩具的定義是任何能夠提昇性快感的工具,所以你也可以發揮想像力創造千奇百怪的玩具。

自製玩具

發揮創意,在家裡找一找情趣用品:用乾淨的雞毛撣子試試全身的感官挑逗;用廚房的炒菜鏟子玩火辣辣的打屁股遊戲;把大手帕當作眼罩,或是曬衣夾當作乳頭夾。只要想得出來,通常就做得出來。盡情享受、探索,並且注意安全!

我們旅行時一向帶著情趣玩具,這很刺激,即使後來沒用上,這個行為本身就是性愛的承諾。

——丹妮絲,35歲,伊利諾州春田市

希望我們已經講得夠清楚了,情趣玩具不只是女人用的玩意,有很多玩具是專為男人製造的。或許你應該到店裡逛逛,看

有哪些可以增加你或伴侶性福的東西。記住，玩具是可以增添變化的催化劑。

有個異性戀女士說過她不需要「道具」。或許情趣玩具也可以視為道具。道具的傳統功能是什麼？輔助劇情、創造情境、提昇氣氛。不是每一場戲都需要道具，但是它可以添加有趣、輕鬆的喜劇成分，演出一些令人非常愉快的劇情。高明的藝術家一定會探索所有可能性。

手交狂想曲

　　這一節是我們在第四章「莎孚之愛」的「多多指教：讓你成爲金手指」討論過的話題延伸。手交（hand love）經常被稱爲「vaginal fisting」，因爲做法之一是小心謹慎地把整隻手深入陰道，然後握拳。

　　由於這個名稱，手交經常被套上「暴力」「可怕」的污名。其實正好相反，手交無疑是女同志圈內最親密刺激的性行爲之一，需要互信、高度慾望與技術。

不是人人適合手交

　　或許你不會想要出門跟另一個讀過本章的人手交，因爲不是人人適合手交。甚至女同志也不是人人喜歡，雖然女性玩家的比例較高。這種行爲要以謹愼與尊重來處理，獲准把手放進女性體內，名符其實地抓住她，是一大榮譽。這可能也是你跟她最親密的結合方式之一。

　　你們緊密相連——你的手在她骨盆中，搖動、抽送、刺激她的子宮，或是靜止。你感受到她「愛的通道」的每個角落與起伏，她的心跳直接在你手邊脈動。

　　手交不是每天可做，而是「特殊場合」用的。這很花時間，需要耐心與信任。這不是鬧著玩的，如果你不小心或是方法不對，自己跟對方都有可能受傷。所以如果你們想接納這種性愛方式，要心存敬畏，遵守規則。

大小有關係

　　某些女性天生骨盆較小，或許不能容納一整隻手進入。當

然，不喜歡陰道插入或任何大型物體在體內的女人，通常也不會喜歡手交。不過若是喜歡被插入的女性，用這樣獨特的方式跟愛人分享最神聖的空間是非常愉快的事。

以前我搞不懂爲什麼有人會喜歡整隻手進去，直到我遇見一個大到足以容納的對象，她顯然很喜歡這種體驗。我建議想嘗試的人要謹慎，先從一根手指開始，慢慢增加。手指甲要修剪乾淨，大量潤滑也是必要的。還要有耐心。

——傑克，54歲，芝加哥

　　你的手掌大小也是一個因素，所以手交在女性之間比起在男女之間似乎比較常見。

　　女性的手通常比較小，因此女性的陰部比較可能容納小手進入。手越大，動作必須越慢。

　　如果你的手實在很大，或許就死心吧。有時候大不一定就是好！如果你的伴侶有興趣嘗試，做好潤滑，爲她露一手吧！

手交的心理學

　　如果你到現在還沒有對世界第八大奇蹟，就是我們日常進出的地方——陰道，感到嘆爲觀止，顯然你並不適合手交。手交需要耐心、親密與溝通，你必須絕對尊重她的身體。

親愛的，靠過來

手交需要在兩個極端之間取得微妙的平衡：完全服從與完全主宰。由她主導手交。你必須配合她身體的反應與韻律，她必須明確告訴你想要怎樣做。你是她的教練，要支持她、鼓勵她、告訴她做得多麼好，她的身體多麼美麗、包圍著你的手的感覺多麼美妙。所以說你必須要徹底了解陰戶才能進行手交——這是專業條件。

你與愛人互信的程度是另一個決定能否實踐手交的因素。任何形式的插入都有風險，因為讓一個人進入另一個人的身體需要信任感。讓一個人整隻手進入他人的體內更是不同層次的插入，要有萬全準備。手交過程中可能出現很多種情緒反應，所以你與伴侶如果沒有建立互信，就表示尚未準備好跟她進入探索手交的世界。

意願與慾望

她必須完全喜歡手交的體驗，你也必須完全樂意做這件事。這絕對不適合猶豫不決的人玩。記得在「女性的機制」那一章，關於陰道與骨盆肌肉是怎麼說的嗎？如果她不安或是緊張，陰道肌肉便會緊繃，你的手即使進得去也會困難重重，造成她疼痛與不適，很可能再也不願意嘗試。

必須是雙方都有意願，否則會很可怕。我覺得光是手交而沒有其他刺激的話並不愉快。緩慢溫柔才是重點。

——貝塔，22歲，密西根州

事前攤開講清楚會讓感受比較豐富，而且排除潛在的問題，減輕恐懼感。你可以把本章或其他關於手交的資料給她看，開始對話，看看進展如何。如果她覺得準備好了，想要嘗試，那就開始吧！

手交指南

準備工作

要創造正面的手交體驗，有些重要的準備工作。下列事項應該能讓你一切就緒：

1. **談論你們各自的意願**。確認你們對彼此的需求有共識，還有如何達成目標。事前對話是絕對必要的，全程溝通是手交的要素之一。明確與遵行能夠建立互信，讓體驗更豐富。

2. **把你的指甲修剪好！**你的指甲與陰道壁並不相容，用手指插入的時候記住這點。即使一點小尖端都可能造成陰道壁細微的刮傷。最好搭配使用潤滑劑或愛液，否則會弄痛陰道壁，讓你性趣全失。所以指甲要剪短，邊緣磨平，因為剛修剪過的指甲特別銳利。不要讓指甲這種小事妨礙你用手表達愛意。

3. **不要戴首飾**。可想而知，要把所有戒指、手鍊全部取下。

4. **使用乳膠手套**。這可以減輕指甲問題，保護雙方免於任何感染（如果你不想用，事前一定要用殺菌肥皂把手徹底洗淨，包括指甲裡面。陰道對細菌抵抗力很低，包括你手上與指甲內的細菌）。某些女性對乳膠與手套內側的滑石粉過敏，這些粉末很容易跑到外側，害她的陰道發癢。

   最佳方法是使用無粉末的手套或是戴上手套之後洗手，把粉末洗掉。不要用毛巾擦乾，毛巾上有許多碎屑與細菌，可能侵入她的陰道。手交時，如果有起疹或腫脹等問題，應該立即停止。這可能是過敏反應，應該趕快清洗陰戶以去除任何殘餘物。如果問題出在乳膠，市面也有聚氨酯（polyurethane）製的手套。

   聚氨酯的延展性不如乳膠，所以手套戴起來不會密合，但是對於乳膠過敏者是最適合的代用品。手套的另一個好處是滑溜的質感有助於你的手順利進入陰道。只是某些女人喜歡摩擦感，手套可能減損她們的快感，你可以用其他方式彌補。一開始總是謹慎為上，更別提乳膠對很多人是性感象徵。讓乳膠戀物癖開心一下吧！

5. **潤滑**。你需要一大罐水性潤滑劑，這很重要！先在其他性行為中找出她喜歡而且不會引起任何負面反應或不適的種類，手交

時並不太適合嘗試新型潤滑劑。擠壓瓶的包裝最合適，因為你的手在忙的時候最容易使用。在附近放一杯水，太乾燥時用來稀釋潤滑劑也不錯——用手指滴一兩滴，就能讓潤滑劑恢復作用。

6. **事前在手邊準備幾條毛巾。**需要一條大毛巾舖在她身體下，兩條小毛巾用來擦她的身體與你的手，除非你們喜歡把愛液與潤滑劑塗得到處都是。

7. **準備鏡子。**一面站立型鏡子對你的手交伴侶很有用，她可以看見你正在做什麼。把它調好角度豎起來，讓她在過程中能夠看到你看到的情形。看著你進入她體內的視覺刺激可能是另一個興奮的要素。

8. **玩具擺好。**確認你要用到的玩具都放在伸手可及的範圍內。你可能需要假陽具來撐開她的陰道，讓它準備好。她也可能在你進入的前後需要按摩棒輔助刺激。任何她喜歡、可以增進快感的玩具都可以整合運用。

9. **時間要充裕。**手交是很花時間的，尤其你是菜鳥的話。這不是速戰速決的遊戲。至少留出一個半小時的空檔，不要有急於完事的壓力與理由。

10.**專注。**手交需要以上所有事物，但最重要的，是要完全專心。你要小心翼翼、清醒、保持警覺。你必須專注於伴侶，在身心靈三方面跟她密切連結。手交就像其他親密行為，會對雙方引起情緒反應、無法預期的心理反應，還有信任與傷害的問題。如果你不是百分之百專心，就無法應付、解決問題或給伴侶安全感。如果你們要嘗試，必須在每個層面都專心一致。

使她興奮

　　首先，她的陰道必須準備好，充分張開，能夠吞沒你的手。不可以直接一拳進入。當她逐漸興奮，陰道內端的1/3會延長並膨

脹，讓它更能夠容納一隻手。但是她必須設法到達這個階段。陰道不會自動準備好接納拳頭，你必須先引誘它。

試著從洗熱水澡開始，讓她血液加速循環，身體溫熱、乾淨、放鬆——此時水是浪漫的適用因素。別用泡沫劑或香料，否則可能跑進陰道，害她稍後發癢。頂多只能用普通浴鹽，因為它夠溫和又能使身體放鬆。

接著是大量親吻，讓她熱情激盪，然後撫摸或舔她的陰戶。或許陰莖抽送也不錯，但是性交一定要設想到用什麼避孕用品。用子宮帽不是好主意，因為手交的時候它仍然在裡面——很可能會鬆脫，失去避孕作用。保險套或是藥物方式比較適合手交。事實上如果她的尿道或陰道容易受感染，能避免任何外來液體（例如你的精液）是最好了。

我們不想讓你耗盡體力，所以你也可以用各種假陽具。從小支的開始，逐漸換成大支的，然後嘗試把你的手放進濕潤、興奮的陰戶中。無論她喜歡用什麼插入陰道，你都要比平時小心謹慎，不要還沒開始動手就讓她精疲力盡了。

找個舒適的體位

當你準備好進入手交，要找個兩人都很舒適的體位。她可能要躺在某種枕墊上面，讓你容易接觸她的陰戶。如果她被插入時喜歡四肢著地，只要她可以維持這個姿勢夠久，倒也無妨。把手伸入陰道途中是可以變換體位的，但是有風險，只適合經驗豐富的人。

無論用什麼體位，你的手進入時，手掌應該面向她骨盆前方，以配合她陰道的弧度。如果她仰躺，你的掌心應該向上，如果她用狗爬式或是趴在枕頭上，你的掌心應該向下。注意手臂與手腕不要形成容易抽筋或痙攣的姿勢。照明要充足，以便看清自己在做什麼。

手部插入

　　手交過程中，主動與她溝通是你的責任，因為她可能已經被骨盆中的強烈感官弄得暈頭轉向。問她「這樣感覺還好嗎？」「再加一根手指好嗎？」「要增加潤滑劑嗎？」「這樣行嗎？」，觀察她的反應。如果她表情扭曲，就是有某個地方不對勁了，請找出解決之道。盡量明確地發問，弄清楚她的好惡。如果途中她希望你停止或是感覺很痛，那就住手！

親愛的，靠過來

手交必須由女性主導。讓她告訴你想要的時機與方式。從一根手指開始，慢慢加入第二根、第三根、第四根，循序漸進。最好由她來指揮每次手指的進入。保持溝通順暢很重要。手交成敗的一半在溝通，絕對不能保持沉默或摸黑操作。

　　每次要放手指進去時，就要添加潤滑劑。少數女性不喜歡潤滑劑（或只需少量），因為它減少手的摩擦力，也減少了快感。但是基本守則還是要用足夠潤滑劑，除非她另有要求。大多數女性需要潤滑，寧可過量也不要缺乏，尤其是她沒有經驗的話，你們都無法預料她的身體會有什麼反應。這就是需要擠壓瓶的原因——你可以隨時用空閒的手把潤滑劑擠到插入的手上。

　　你的指關節是手掌最寬的部分，也是最難插入的部分。一旦五指都進入陰道，要把手掌圈起來，像是要捧水喝的樣子。盡量向內彎曲，使關節寬度越小越好。慢慢來，等她準備好，慢慢把手伸進去。叫她深呼吸，當她吐氣時推進。每次推進時增加一點點力道，慢慢把你的指關節通過她的陰道括約肌。

　　第一次或許無法整隻手進去。某些女性甚至永遠無法接納整隻手。沒關係，如果她不舒服，不想再進行也別勉強。你只能進

入到她覺得足夠舒適的程度。光是把五指伸進體內已經是很愉悅的親密行為了。

記住，你是她的教練。要沿路幫助她順利通過你所做的每件事。「好，我已經進入到關節了，這是最困難的部分。我要妳深呼吸，我會慢慢進去。覺得不舒服就告訴我。」有時候人太緊張會忘記呼吸，提醒一下很有幫助。如果你能這樣與她溝通，她會有安全感，對你有信心，她自己也能放鬆。

對我手交的伴侶都知道她們在做什麼。良好溝通、聯繫感是成功的要素。對我來說，這是非常強烈的情緒經驗，通常我會哭出來。我無法跟任何人分享這種感覺。我想也不是人人都適合。女性對手交應該要有充分準備，需要一個能夠傾聽、溝通並且欣賞的伴侶。

——潔絲敏，30歲，北卡羅萊納州教堂山

手交很可能產生某種不適，甚至有些疼痛感。不過正是這種快感／疼痛的微妙聯繫讓人們銷魂。手邊準備一個電動按摩棒——插入時用來刺激陰蒂，把她的注意力轉移到另一個快感區，應該有所幫助。有些女性可能想專注於你手的動作，不希望分心；有些人則很喜歡。她愛怎樣就怎樣去做。如果她感到疼痛，而且不再是「愉悅的疼痛」，或者感官刺激太強烈，請不要逼她走到意願之外的境地。

如果她沒事，希望繼續進行，那就一面詢問一面進行。當你必須使勁推進的時候，叫她深呼吸，當她呼氣時推進。每次深呼吸都能使她陰道肌肉放鬆，讓你的手比較容易進去。

彎曲與縮攏

如果你的手可以全部進去，自然會形成握拳，因為張開的手

掌無法適應內部的空間。手指彎曲時，拇指要放在四指之內，否則突出來的部位會造成伴侶不適。如果你的拇指落在外側，停止手的動作一會兒，讓她充分感受並適應一下手在體內的感覺。當她準備好後，告訴她你要把拇指收到裡面。她可能會有點不舒服，所以要輕柔，動作越小越好。

她的陰道被你的手填滿之後，能夠感覺到你的每一個細微移動，所以絕對不要做突然或意外的動作。記住這點並且指導她，過程中告訴她你正在做什麼。她會有許多感官刺激，但是未必能清楚分辨你在做什麼，所以口頭解釋是有幫助的。

造訪子宮

恭喜！你已經進入了世界奇蹟之一，親手感受到它發出的溫暖能量包圍著你。

你的拇指收好之後，已經花了一些時間調整，她的感覺也不錯。接著問她想要怎樣做，然後實驗一下。「妳要我的手靜止還是前後動一動？」要動作時，在她體內輕輕前後移動你的拳頭。或許可動範圍只有一吋左右，看她的形狀而定。她或許只想感受你在她體內，讓一波波的能量流過兩人身體。

你會感到跟她有全新的聯繫感——她的心跳傳到陰道壁，你的心跳傳到手上，在她的骨盆裡交融。你甚至可能無法分辨是誰的心跳。這是跟伴侶在情感上建立關連的好時機，如果體位允許，請注視著她的眼睛。

親愛的，靠過來

進入伴侶體內之後，花點時間靜靜適應你自己體內的感覺，觀察它對你有何影響。看她充血的身體包裹著你的上臂，觀察它的顏色因為血流與興奮程度有何變化。她的陰道壁觸感如何？你的手臂連接著她的陰戶，這是前所未有的方式。親愛的，好好品味吧。

如果她沒事而且似乎樂在其中，你就跟著直覺走，做自己覺得適當的事。小心她的子宮頸，記住，陰道組織很敏感。

跟伴侶分享是一種特殊又強烈的體驗。初次接受手交時，是我第一次在插入式性行為中哭泣，變得情緒化。我發現手交是了解自我與伴侶的最佳方式之一，也是美好戀情的促進者！

——珍妮，26歲，布魯克林

流淚不一定表示她很痛苦，不要把兩者混為一談。她可能被雙方情緒與肉體上的聯繫感、被如此深入的感覺，或是打破心理與肉體的禁忌所震撼。如我們先前談到，當她的身體被插入，情感上也被侵入了。這是很強烈的遊戲，絕不適合溫吞軟弱的人。

親愛的，靠過來
她在手交的時候流淚也不必驚訝。女性參與如此親密與激烈的行為需要極大的信心。如果她出現宣洩情緒的現象，這也是手交過程的一部分。請接受自己與伴侶產生的任何情緒反應，一起體驗。

內部的高潮

手交時，她可能想用手或按摩棒刺激她的陰蒂。如果她身體包著你的手的時候達到高潮，你一定會對高潮這件事有新的體認。她包著你拳頭的肌肉會強烈痙攣似地收縮放鬆，使你置身於她的私人地震之中。你已經體驗過陰莖周邊的感官，這次卻會提昇到另一個層次，讓你更了解在她興奮過程中，體內發生了什麼事。享受它，細心體會它，專心解讀肌肉的每個動作與感覺。

她的高潮有可能使你的手痙攣，萬一真的發生了，請保持耐心留在原處。絕對不要企圖半路縮手——她的陰道肌肉會收縮，

對兩人都可能造成疼痛。你不希望骨折吧？以前就有人發生過這種意外。意外並不常見，但是別忘了女性陰道收縮的力量之強，足以把嬰兒推擠出來。所以你必須等候適當的時機，而這個時機絕對不會出現在高潮中。所以你越冷靜、手越放鬆，越容易平安脫身。

如何退場

有時她可能再也受不了陰道裡飽脹的感覺，希望你趕快退出來，也或許你的手抽筋或是很疲倦。無論什麼原因，該結束的時候就要結束。出來的時候，拇指的守則跟進去的時候一樣。別急，凡事不要太用力，保持溝通，指導她呼吸並且放鬆。

你要抽出來的時候，幫助她度過。「好，現在我要把手抽出來了，我要妳做幾個深呼吸。」開始抽手之前讓她深呼吸一兩分鐘，你必須感覺到她的陰道肌肉放鬆。通常每次深呼吸能夠讓肌肉放鬆一點兒。當兩人都準備好，等她呼氣時，用快速但是輕柔的動作把手從陰道口抽出來。要張開拳頭、把手圈起來，越窄越好，就像進入時一樣。

抽出時她可能有點不適，所以動作要簡短。就像從多毛的皮膚上撕掉OK繃：動作越快，感受的時間越短，大腦記得的疼痛越少。當然動作也不能太猛！不要害怕，只要輕輕拉，一旦關節通過，你的手指就會被推出來，在另一端聚攏，而她的陰道壁會開始放鬆。

善後工作

你的手與她的陰道都會因為剛才經歷的強烈感官而悸動不已。讓它們休息一下。你的手可能紅腫或僵硬，需要伸展運動一下。她的陰戶會顫抖、發熱，需要靜止片刻。

如果你進去的時候她沒有高潮，現在是補償的時候，如此她

的肌肉可以達到完全放鬆。來一點口交刺激也不錯，只是潤滑劑的味道或許不太可口，不妨用水把它沖掉。再用悶哼法為她唱一首讚美曲如何？

手交涉及她的聖地，跟其他形式的性愛體驗都不同，所以不要指望投桃報李。你或許會驚訝不靠陰莖的性經驗也能獲得這麼多快感。其實，你們兩人都會非常疲倦，或許只想要擁抱片刻，享受親密感。如果你與愛人決定嘗試，你們的第一次手交絕對是終生難忘的啓蒙教育。

性愛變奏曲

我們曾經說過，很多女同志是性愛的發明家，勇於探索不同的方式。愛女人的女人對於鞭子與皮革一定不陌生，例如「皮件女同志」（leather dykes）有各種形式，喜歡穿著皮衣出現，表達自己對這種愉悅的感官世界的喜愛。這跟性虐待（S/M，sadomasochism）一樣有趣，但是需要下許多功夫。不是每個人都支持、參與或喜歡S/M遊戲，但是愛好者不在少數。總之「蘿蔔青菜，各有所愛」。

性變態（kink）的衍生變化還有D/S（dominance and submission，主宰與順從）與B&D（bondage and discipline，綑綁與處罰）。這些技巧指的是在性愛的場域裡赤裸裸地玩弄權力，實踐性幻想，探索痛苦或從事戀癖行為。這些行為表達並且探索一門情色的藝術，就像性玩具與手交一樣容易被誤解與污名化。

篇幅所限，我們不打算在此叨叨絮絮描述性虐待細節，市面上的相關書籍夠多了。如果你有興趣深入了解，請看本書最後面的參考資料索引。你也可以打聽S/M俱樂部，去認識其他玩家。許多大都市都有S/M與性變態的社群。女同志、男同志、異性戀與多重性癖者共同組成了S/M社群。

變態的迷思

從事各種形式的S/M行為的人，經常被稱為怪胎、變態、暴力或慾求不滿。但是憑別人的性癖好與自己差距多少去評斷他人，或因為不了解而罵人變態、不正常，都是過分簡化。

當你做愛時，是否曾有壓制伴侶或被伴侶壓制的性衝動？試過被愛人蒙住眼睛的忐忑感嗎？被綑綁過嗎？試過把伴侶銬上手

銬的權力感？曾經打過伴侶的屁股或被伴侶打屁股？夾過愛人的乳頭嗎？即使最保守的人也玩過上述其中幾項。

親愛的，靠過來
告訴你一個祕密……大多數人一生中某些時候都做過某種性虐待、綑綁，或其他主宰／順從遊戲。這些遊戲以情色的方式玩弄權力，每個人都能找出可接受的玩法。

我喜歡有點粗暴的樂趣——打屁股、咬嚙、掐捏。讓柔軟的親吻顯得更加甜蜜。

——安琪拉，31歲，紐約州塞拉古斯

　　我們以廣義的、權力交換的角度看待性虐待，希望能夠打破迷思。人們在某些情境下都會玩弄權力，這是性慾的固有本質之一。例如做愛時誰在上面？誰主動提出性愛？什麼時候？S/M把權力關係進一步探索，創造一個人們可以安全地交換權力的空間。讓人們實踐最深處、最變態的性幻想，同時留在安全、可控制的環境中。

角色與條件

　　人們在S/M遊戲中扮演角色或知名劇本中的人物。「場景」（scene）是指兩個或更多玩家創造並參與的一段流程。基本角色有兩種：「上級」——領導、施加痛苦、主導場景的人，又稱「主宰者」「主人」或施虐者（sadist），以及「下級」——又稱「服從者」「奴隸」或被虐者（masochist）。

　　下級服從上級，讓對方在自己身上做各種事，或者承受痛苦

以獲得快感。每個場景至少要有一名上級與一名下級。有時候在群體的場景裡會有多名上級命令一名下級，或是反過來。有些人只願意扮演上級或下級，至於喜歡在不同時機扮演不同角色的人則稱爲「開關」（switches）。

我喜歡被命令做什麼、如何做、在哪裡做。我希望主人跟我在一起時引以爲榮。我喜歡被綑綁、鞭打、毆打、滴蠟、羞辱。我喜歡衣不蔽體，在遊戲場景或夜總會炫耀我的身體與服從性。

——珍妮絲，25歲，舊金山

遊戲的理由

人們進行S/M遊戲的理由說也說不完。有人喜歡玩弄快感與疼痛，把自己或伴侶的身體推到極限。他們在安全的範圍內玩，如果情況太過火，隨時可以喊停。S/M遊戲是發洩情緒的出口，因爲人們在其他方式無法或不方便發洩。至於喜歡在公共場所玩的人，則是希望在窺視者欣賞的目光中，讓自己暴露狂的一面展現出來。S/M遊戲讓人探索自我的不同層面，或許他們在別的場合從來沒有這種機會。

遊戲規則

玩S/M遊戲也是有規矩的。例如同好圈內的箴言就是「安全、理智與雙方同意」——這三者都很重要。有時候很難判斷一個上級（或下級）是否已經到達身心極限，因此雙方事前要議定一個「安全暗語」，讓他／她在場景中隨時有權停止或放慢。任何一方聽到這個字，都應該立即遵從。

「理智」表示場景應該符合每個人的愉悅，不應該濫用服從者

的弱點，造成情感上的傷害。下級者不需要擔心上級者會未經同意就超越他／她的界限。上級者對於自己施與下級者的行為應該有所節制。「理智」也表示玩家應該保持清醒狀態，酒醉或嗑藥時玩S/M遊戲是很危險的。任何嚴謹的S/M社團對於成員利用藥物與酒精都有嚴格的規定。

S/M遊戲一定要雙方同意。參加者必須有意願，也同意稍後的玩法。性虐待手法絕對絕對不可以強制使用在不情願的伴侶身上，否則就是傷害罪。

上級與下級進入任何遊戲情境之前一定要溝通清楚──討論雙方喜歡或不喜歡的事，想要嘗試什麼行為，界限在哪裡。展開遊戲之前，要釐清很多問題，徹底明白雙方的需求。分享這些資訊很重要，能讓這場遊戲對雙方都成為正面、愉悅的體驗。協商之後，下級便把他／她的人身安全交付到上級手中，上級必須信任下級提出的界限與意願。

S/M遊戲就是極限的遊戲。當你挑戰極限，有時候會冒犯別人的界限，尤其是他們自己也不清楚界限所在。S/M遊戲的後果有好有壞，有時候人們玩得太過火，會出現強烈的情緒反應，所以要有心理準備。

要與伴侶保持溝通。如果你扮演上級，感覺有些不對勁時，就詢問她需要什麼，然後照辦。你的伴侶可能是想休息、想喝水、想擁抱或鬆綁，甚至終止這場遊戲。立即照做，不要有受傷的感覺。某人以你意料之外的方式回應，並不表示你做錯了什麼事。只要你與伴侶保持溝通，符合她的需要，就算是盡責了。

親愛的，靠過來

其實S/M遊戲比其他性行為需要更多互信。它需要高度溝通，尤其是明確的溝通，所以不太適合性愛溝通技巧欠佳的人。這是唯一能遵守界限、使玩家有安全感的辦法。

權力的心理層面

我買了一雙白色細跟高跟鞋，結果我的男友開始舔它、吸它，讓我興奮極了。它給了我有一種權力感，變成了狂野浪女。

——莉塞特，24歲，紐約

　　權力是任何情色行為的固有成分。誰擁有權力？誰能分享？誰放棄權力？通常權力可以分享，但是並非絕對。一個人可能在某些時候掌權，然後另一人突然翻身，掌握優勢。

　　我們在日常生活中擁有（或缺乏）的權力通常會在性生活中以某種方式表現出來。通常總裁、董事長之類在職場上或日常生活中擁有權力的人，在性愛方面反而希望被控制。他們平時已經做了太多傷腦筋的決策，需要一個讓別人主控的宣洩方式，他們除了服從啥都不用做。這就是權力從生活中其他領域影響S/M遊戲的例子。

　　性別可能也是S/M遊戲的重要因素。因為它代表著權力關係，許多女人寧可扮演另一個女人的下級，卻不願服從男人，或者只為特定類型的男女扮演上級或下級。我們的抽訪群中，有某位女性表示，她被女人推到牆上做愛可以高潮，但是絕對不願意讓男人這樣做。也有很多男人因為討厭隱含的權力架構，不太樂意扮演女人的上級。

　　種族因素與少數民族可能也有類似的效果。某些有色人種因為歷史上的權力架構，不願意服從白人。就像其他事一樣，這純粹是個人好惡問題，只是外來力量確實會影響我們。

　　根據人們的生活經驗，S/M遊戲很容易觸動他們對權力的罩門。了解自己與伴侶的罩門非常重要，這樣才可以避免誤觸。或者你可以跟伴侶討論，看是否願意冒險一下，挑戰這些界限。大多數人，尤其女人與有色人種，通常多少有過被別人以權力欺壓

的經驗，無論在家、在學校、在職場或是在整體的社會中。所以涉及權力的時候，要注意自己在伴侶眼中代表的形象。

S/M遊戲的基礎

S/M遊戲有無窮無盡的可能性。以下我們要列舉幾個基礎模式方便你入門，但是如果你玩出興趣，陶醉在S/M、D/S、皮革與變態的寬闊天地中，我們建議你再深入研究。

角色扮演

我常使用面具。不是皮革面具，而是東方風味或高雅的角色面具，像是魔鬼、惡龍、妖魔之類。我盡量融入角色的性格中，讓她體驗與人類之外的生物做愛的感受。

——艾瑞克，22歲，維吉尼亞州羅諾克

很多人喜歡藉由角色扮演（role play）探索他們變態的一面。你可以在場景中扮演任何想扮的人，角色關係可以是老師／學生、攝影師／模特兒、父母／子女、女主人／僕傭、醫師／病人、兩個對生殖器好奇的小孩，或是初次約會的青少年。

最近我經常玩角色扮演遊戲。我喜歡在性經驗中捏造故事，採用特定聲音或主題，尤其喜歡在伴侶面前扮演「小賤人」。有時候我們假裝是十五六歲的青少年，在父母家中做愛又要避免被發現。真有趣！

——塔拉，26歲，阿布魁克

你可以扮演任何年齡、性別、身分或生物，唯一的限制就是你的想像力。S/M遊戲是培養想像力的好方法，想得到的東西就

做得出來。只要找對伴侶，你的性幻想也可以實現。盤據在你心裡的想法可以提出來，一同分享、探索。請穿上戲服，拿好道具，佈置好場地，培養情緒。這比寫小說還過癮——而且是領銜主演。你想要扮演誰呢？

戀物癖

戀物癖（fetish）是指某種物品或行為能夠持續引起某人的性興奮。有人迷戀鞋子或腳，有人喜歡打屁股，有人喜歡巨乳或大棒子，喜歡偷窺，喜歡皮革或乳膠製品。我們在日常生活中對汽車、書籍、唱片也有戀物癖。當某人具有性愛的戀物癖，這種物品或行為就是性興奮的來源，整個場景可以針對它來設計與演出。某些人甚至需要有戀物癖的象徵在場才能達到高潮。

綑綁

綑綁（bondage）是探索情慾權力的常見方式。綁住別人、讓一個下級看你臉色，是體驗責任感、權力的方法。有很多人被綑綁時會很興奮呢！任何綑綁行為都需要高度互信，事前要溝通好權力運用的方式。

我喜歡被綁住。讓女友可以對我為所欲為的無力感總是令我慾火焚身。

——梅莉莎，24歲，倫敦

或許你們已經玩過某種綑綁遊戲。很多人曾經與伴侶互相控制，享受主宰與屈服帶來的情慾刺激。綑綁遊戲可以很單純，也可以細緻得多，成為場景或角色扮演遊戲的一部分。這通常會配合挑逗、懲罰或羞辱，看玩家喜歡怎樣玩。很多角色扮演的場景可以提供綑綁的理由，例如老師／學生、主人／奴隸、警官／罪

犯、綁匪／人質。用你的想像力掰個故事吧。

我喜歡被手銬銬在床上讓人猥褻，前提是我完全信任對方。我喜歡失控與失去溝通的感覺。

——凱蒂，28歲，奧勒岡州波特蘭

手銬、皮具、繩索或特製金屬機關都可以用來限制行動自由。你們如果要用繩索，必須學習適當的綁法。絲巾或許看來很性感，但是不要用來綁人，因為它可能會變緊，切斷血液循環。情趣商店店員最清楚了——去請教專家吧！

眼罩

剝奪下級的一兩種感官（通常是視覺）可以強化權力交換的快感。

失去視力時，其餘感官會更敏銳。下級被矇眼，上級可以在房內走來走去，發出聲音挑逗對方，醞釀刺激感。碰觸矇眼的下級時，效果會跟平時不同，因為他／她不知道何時會發生什麼，因此更有懸疑感與期待感。

打屁股

很多人喜歡玩打屁股（spanking）遊戲，無論是打人或被打。把伴侶按在大腿上或者屈身挨打都很性感。每打一下的音效與皮膚互相撞擊的觸覺是玩家喜歡的主因。被人壓制並且教訓為何該打屁股，在心理上有某種催情作用，就像壓制別人、懲罰他們一樣。當臀部戀物癖的上級看到性感的屁股放在自己面前，簡直是擋不住的誘惑。

打屁股的方法有幾十種：用皮帶、用手掌、用球拍；在親吻或性交當中，趴在桌上、趴在床上、貼在牆上；把內褲脫到腳踝

處，或是穿掀起來會露出白色棉質內褲的服裝。

　　不管你們怎麼玩，有些重要規則可以確保愉快的效果：

- 剛開始下手要輕，再漸漸加重每一擊的力道。如果下級是菜鳥，這尤其重要，培養耐力是需要時間的。如果你是打屁股的新手，你的手也要鍛鍊一下忍痛能力。
- 不要打她尾骨或是脊椎的任何部位，只打肉多的地方。
- 左右兼顧，兩邊都要打，不要冷落了任何一側。
- 如果你一直用力打同一個地方，會有刺痛感，所以要搭配一些輕拍與撫摸。開始打以後，最好在幾下重擊後接幾個減緩疼痛的撫摸。
- 「雨露均霑」固然不錯，「重點進攻」也很好，就在臀頰與大腿交界的地方。這裡的神經末梢比較多，因此比較敏感。
- 要專心。就像其他D/S遊戲，要體貼並尊重下級的界限。

　　當你們事先協商玩打屁股遊戲時，要說清楚界限與忌諱。打屁股可能造成瘀傷，對某些下級而言，身上帶傷反而是性興奮的來源，就像「榮譽勳章」，可以用來紀念豐功偉業。但大多數人根本不喜歡留下痕跡，如此一來就要手下留情。如果皮膚開始發紅、腫脹，就要小心事後很可能會留下傷痕。

親愛的，靠過來

成為打屁股高手的最佳方法就是自己挨幾下。扮演好上級的方法就是體會下級感受，這樣才知道對下級做哪些事會有什麼感覺。告訴她你是個壞孩子，翻過身去挨打吧！

　　打屁股是角色扮演遊戲的常客，尤其是其中一人扮演比較年輕角色的話。這也要事先溝通，因為每個人扮演年輕角色都是有心理限制的。如果你的伴侶在年幼時受過體罰或性虐待，打屁股

可能觸發潛在的、無法應付的反應。小心選擇你扮演的角色，要有趣，也要遵守界限。

許多人願意嘗試的S/M極限就是打屁股了，可以整合在整套性行為之中，也可以單獨用來調情。有的下級甚至被打屁股時摩擦到生殖器就可以達到高潮。所以你一定要好好處罰他／她！

拓展性知識

跟樂意配合的伴侶玩S/M，可以探索自我的不同層面，這些層面通常深鎖在心中。試著對調角色，如果你自認是主宰者，試試扮演一次順從者，看有什麼感受，或許你會大吃一驚。人們一旦開始嘗試，經常會愛上原本以為不喜歡的事情。有時候戀物癖以完全無法預料的方式洩漏一個人的內在。身為情人與人類，探索你本性的其他層面，也是拓展性知識的機會。

總結

重度S/M遊戲不適合大多數人玩，無論是同志或異性戀。這與「香草性愛」（vanilla sex，完全沒有S/M或變態行為的性愛）是截然不同的情色世界。有些人可能淺嘗即止，或偶爾玩一次；也有人會投資購買一大櫃子戲服、收集鞭子，或改變生活型態。很多人只是探索自己的戀物癖，保持單純。

或許你自己永遠不會嘗試S/M，但是我們希望你至少能了解為什麼有些人會對此入迷。這是在安全的範圍內拓展性愛疆域的方法。就像有人喜歡跳傘，也有人就是喜歡被綁起來打。只要能帶來快感，你情我願，做好安全措施，就可以成為一種正面、皆大歡喜的體驗。

第七章　消除路障

Roadblocks

峰廻路轉

解決障礙與衝突的方式，可以提昇你的性生活到更高的層次，也可以毀了你的戀情。在最終階段的這一部分要廣泛討論一些障礙，它可以影響任何人的感情，無關性別。處理這種事沒有特殊的「女同志絕招」，我們這麼說是要提醒你，很多事情可能影響你的性關係，造成障礙。

以下是人人適用的法則，它並非一網打盡，因為還有其他很多問題可能發生。我們要再次回歸溝通與信任的原則，面對以下問題時請複習以前的溝通要領。有些鴻溝必須跨越。如果你很重視這份關係，就值得與伴侶共同努力克服障礙。途中你可能會暫時陷入困境，但是保持耐性就能夠過關，康莊大道在等著你。

身體的迷思

又是美麗的一天，你在路上開著嶄新的敞篷跑車。你剛獲得公司加薪，正要出發享受睽違五年的長假，到加勒比海某個海灘聖地度過一週。微風吹拂著你的頭髮，你超過前面那輛車，突然發現前車的保險桿上貼的標語：不要小老二。

你就像其他男人一樣，對自己寶貝的尺寸不太有信心。在你心裡，突然擔心你永遠無法滿足女人。即使你的陰莖已經是正常大小，可是誰會滿足於正常呢？你的心理備受煎熬，自信消失，在你抵達機場之前，整個旅程的興致已經破壞殆盡。

沒發生過這種事，是吧？因為男人不像女人會在街上開車時瞄到保險桿上的「不要肥婆」標語。很少有人會在公開場合羞辱一個肥胖的男人。那是什麼感覺？或許很難想像，但是可以肯定的是，你會非常難堪，尤其是它觸及你隱藏的不安。

讚美她的身材

你的伴侶或許對你說的很多話有不同的理解，尤其是關於她身材的缺點，所以措辭一定要小心斟酌。

當女人問你她胖不胖，她要的是一個誠實又討好的答案。絕對別說「我就喜歡妳現在這樣子」。無論你的伴侶身材如何、你覺得如何，你的「讚美」聽起來都像是勉為其難降低標準，迎合她身材的缺陷。

另外還有很多豬頭答案，其中最糟的是：「呃，親愛的，妳還有很多其他優點啦……」

其實這未必是個雙輸的局面，你可以先說「妳很漂亮啊」穩住陣腳，然後轉移話題到她最介意的部位。你給越多讚美，她越覺得自己很迷人、自信、性感，結果也會如此。

我有個朋友的爸爸老是說她屁股太肥，這對她的殺傷力實在很強。我們生命中最有權力的男人羞辱我們，這是雙重羞辱。

——瑪莉，29歲，波士頓

「我看起來胖不胖？」這個問題不但可能毀掉一次約會，還可能導致分手。可是每個女人一生中至少都問過一次，某些人每幾個月一次，還有人天天問。我們的性自尊很容易被負面的身體形象摧毀。我們的社會價值觀越來越注重身材，使男女兩性在床上越來越沒自信。

我年輕一點的時候，不太喜歡在燈光下和別人面前裸體。我喜歡關燈，或是躲在床單下。現在我已經克服了。（或許這跟年齡有關？）

——摩根，30歲，加州長堤

今日偶像，明日黃花

想像以下情景：現在是1950年代，瑪麗蓮夢露是當紅性感偶像，就像瑪丹娜與超級名模是90年代的象徵。你就像其他男人一樣會定期手淫，而且需要在幻想時來點視覺刺激。至今你已經看過幾千本《Playboy》與《Swank》雜誌。很不幸地，由於自慰過度，你罹患了一種絕症。你的遠見促使你決定把自己低溫保存——就是冷凍——直到醫療科技發明出解藥為止。終於，你等到了這一天！

現在剛進入21世紀，你被解凍之後回到花花世界。你在書報攤停步，買了一堆眼花撩亂的色情書刊，回到家裡打算在睽違半世紀之後好好卯上一管。你興沖沖打開雜誌，原本勃起的地方軟掉了，因為你看到了怪異、瘦削、彷彿外星來的生物，看起來像是女人，但是跟你腦海中的印象完全不同。她們不像你從前在床上見過的女人，你不禁懷疑她們是從哪兒冒出來的，跟她們做愛是什麼感覺？

現代男人看到的性感偶像都是營養不良、電腦修飾、矽膠改良的產物。想像一下女人初次在心愛的男人面前寬衣解帶的心情，她知道對方一輩子都是看「理想」形象長大的——修飾、隆乳過，沒有人天生就符合《閣樓》雜誌的女郎形象。文化氛圍使我們對不真實（當然也不健康）的審美觀上癮，無法接受真實、多樣化的身體。

風水輪流轉

男人應該要能將心比心，因為風水輪流轉。自從卡文克萊內衣廣告煽動了全世界對於大老二的執迷，男人承受的壓力也越來越大，不僅要有錢有勢，還要英俊苗條。如果你肚子上沒有六塊腹肌，就該羞愧得無地自容。更嚇人的是陰莖增大手術越來越普遍，總有一天，如果你不挨一刀，連馬子都不甩你。

難道男人都是遲鈍的豬頭？如果陌生女人的身材不符合他們青春期的幻想，對待她們的尊重與愛心就不如對待小狗嗎？是啊，經常如此。他們是天生愚蠢嗎？想像角色易位的情景⋯⋯

13歲那年，我的死黨跟我在她父母的藏書中發現一篇講勃起過程的文章。我倆都沒有兄弟，從來沒看過陰莖，連照片都沒看過。這篇文章令我們大開眼界而著迷不已。

有一天我們在輔導室遇到幾個我們喜歡的男生，談到了陰莖。於是男生們讓我們看了各式各樣的形狀，出於過去的記憶，我們偷偷地做了記錄表。我們相當直接地打量每個男生的胯下，這份祕密表格成了兩個小女生對七年級男性陰莖尺寸的調查報告，從此密稱為「表格」。

這件事令我們信心大增。班上曾經有個小帥哥把手放在我腿上，還有人在洗手台吻我。我朋友的狀況甚至令我的摸摸親親顯得小兒科。我們成了羅斯福中學的尺寸女王，真是酷斃了！

接納

他對我不太完美的身材感到興奮。他喜歡我的腿、臀部與微凸的小腹。如此受到喜愛真是性感極了。

——金，22歲，布魯克林

你的肯定可以給愛人一份最甜蜜的禮物，就是自信與接納。當然這可以表現在明顯的地方，例如停止嘲笑她，甚至在她吃甜食時稍微揚起眉毛也不行。很多男人對女性身體與行為的負面評語破壞了女性的自信。請支持她合理的食慾，不要鼓勵不當飲食習慣。多諒解，少批評。

在最理想的情況中，你跟伴侶應該可以共同欣賞走在街上的美女。但是現實生活裡，當你看到二十出頭、穿小可愛加短裙的

辣妹，說出：「我靠！你看那個海咪咪！」，恐怕很少女人有足夠的安全感與信任感去贊同你。所以偷瞄時要放機靈點，別傷了她的自尊。

關於陰戶有很多負面、不健康的傳聞，可能影響到她對自己生殖器的看法。女人不常看到其他女人的生殖器，對性愛比較有好奇心、冒險精神的女性，或許在色情書刊有機會看到較多圖片。但是書中的陰戶都用電腦調整成一致的粉紅色，多餘的毛修掉了，陰唇也是完美的對稱形狀。某些女性甚至聽從醫師與男友的意見，一開始就覺得自己的陰戶不正常，因此把陰唇修短、整形。甚至女性通常把生殖器稱作「下面」的語言習慣，也反映出她們對身體的不安。

重點是讓她接納自己陰戶的外型，這也是以陰莖為傲的男人應該接納的觀念。很多女性從來沒有讓人仔細看她們的陰戶，詳細描述它的美麗。她們聽到的多半是它有怪味、神祕、噁心。請複習生殖器的展示解說課，盡你的職責肯定她的生殖器之美。

尊重貨真價實的乳房

女人對乳房大小承受的壓力就像男人的陰莖大小，兩者都是衡量一個人性魅力的膚淺指標。否則隆乳診所為何門庭若市？如同很多男人注意波霸，天賦異秉的波霸對自己的尺寸也很在意。她們或許發育較早，從小就受盡各種無情的嘲笑。所以你最好別說：「哇，妳好棒喔，我一直不知道妳的胸部這麼大耶！」平胸族的女性同樣會受到嘲笑。社會對小咪咪並沒有太多肯定，但是很多男女偏好堅挺的小咪咪勝過大木瓜。總之千萬別說「小」，說「漂亮」就是了。

重點其實非常簡單，就是尊重。如果你尊重伴侶與她的感受，就可以避免很多不必要的傷害與不悅。最棒的性經驗發生在你與伴侶對身體感到最輕鬆自在的時候。這樣你才能專心注意身

體之間的互動，而非提心吊膽被嫌棄，減損性行為的動力。當她感到安全、被愛、被接納的時候，你會驚訝她變得多麼開放、冒險、情慾與性感。

性病

人人都可能「中鏢」。只要你跟別人有生殖器接觸、體液交換，就可能感染性病。得性病不表示你很惡劣、骯髒、不負責任或是遭天譴，人生禍福難料，這是我們享受性生活的責任之一。

如果你患了性病，為了保護對方，一定要向伴侶坦承事實。她也有同樣的責任。如果你害怕不良後果而羞於啟齒，就想想如果把病傳給無辜的伴侶，她對你會有多麼憤怒與厭惡。背叛會在一眨眼之間摧毀你們建立的互信。

關於健康問題是沒有藉口隱瞞的，不誠實就是不負責、不尊重伴侶。告知壞消息當然不好過，可能把伴侶嚇壞。她可能質疑你的人品道德，但是性病跟私德未必相關。這不表示患者是「蕩婦」或「骯髒」「不負責」，畢竟與帶原者的任何一次性接觸都可能患病。衰運難免，即使你有採取防護措施。

將心比心，伴侶患性病時也不要咄咄逼人。你們的性生活不是從認識對方才開始，別指望她的過去是一張白紙。如果你想跟她繼續保持性關係，就要認識性病並且學習如何預防，明確溝通，採取安全措施。記住，她患病也不好受。

伴侶跟我都患了HPV（人類乳突病毒，注P36）——生殖器長疣，使性生活大大掃興。我們到處求診、收集資料。我的陰戶／陰道覺得不太舒服，真是令人洩氣，因為我好不容易才了解它、喜愛它，這可是得來不易的。

——凱蒂，21歲，紐約州西郤斯特郡

談論性病可不簡單。請複習「說清楚講明白」章節中，關於如何開口討論性病的提示。你的伴侶在這類對話中的反應可以讓你更加了解她，她也可以更加了解你——無論好事、壞事、難堪的事。

如果對話中充滿指責、厭惡與憤怒，可能造成嚴重、長久的傷害。反過來說，如果你們誠實、體諒、開放，也可能是建立互信、開創長久關係的一大步。

避孕

另一個需要克服的障礙就是避孕。這是個重要課題，甚至可能是雙方關係的縮影。誰負責避孕？採用哪種方式？做法合理嗎？雙方對避孕措施的缺陷都有體認嗎？

身為男子漢，要千方百計讓女人信賴你，你能做的好事就是——分攤避孕的責任，關懷伴侶的生育保健，試著多承擔一點責任。這包括購買保險套、子宮帽、避孕藥或殺精劑，分擔看醫師的費用。

如果她需要，陪她去做例行的婦產科檢查。有些診所會准許你在檢驗過程中旁觀，這樣你也可以學到很多。這是培養親密感的好方法，她不需要獨自承擔。可以請她教你如何安放子宮帽，讓你在必要時能幫上忙。這件事未必會掃興，有時候還能助興。

使用保險套也別抱怨——如果兩人都能無拘無束當然很好，但是你總得負起責任。抽送動作要全程戴著套子，不要只套一半。記住，你也受到了保護。戴保險套是唯一兼具避孕與預防性病的方法。如果你不用，每個月都會來一次提心吊膽的樂透彩。老擔心著意外懷孕或傳染性病，性愛品質必然欠佳，因為你們心不在焉。

還有，不要逼她用某種避孕措施。例如，不要逼她吃避孕

藥。設身處地，你喜歡每天攝取人工荷爾蒙嗎？

真心誠意地跟她溝通，如果她選擇某種方式，幫她衡量得失。幫她選擇感覺最舒適的避孕法，幫她正確執行，如此雙方都無後顧之憂，可以專心享受魚水之歡。

意外懷孕怎麼辦

很遺憾，沒有任何避孕方法是永遠萬無一失的。即使你採取適當的避孕，還是有風險，意外懷孕仍有可能發生。女同志不必擔心這個問題，但是與男人做愛的女性，心中恐怕永遠有一絲隱憂：我會懷孕嗎？

我不知道是否曾經懷孕，但是我一向會吃事後避孕藥，感覺很孤單。我的朋友支持我，但是沒人陪我上診所。我想諮詢服務應該有所幫助。

——席夢，23歲，鳳凰城

如果你的伴侶意外懷孕，不要落跑。請學習女同志的處世技巧，跟她討論整個情形。

要了解她的體內發生了重大的變化，她的情緒可能深受影響。意外懷孕非常嚇人，要幫她權衡對策。當她下定決心，盡你所能支持她。即使你不同意，那也是她的身體，她必須承受這個決定的後果。

不是說你的感受無足輕重，你的感受也很重要，所以才應該跟她討論。但是她的身體不在她控制中，她必須爭回控制權。無論小孩的父親在不在身邊，女人必須要有意願與能力在子宮中孕育胎兒、分娩、養育小孩才好。如果你真的關心她，就在整個懷孕過程中陪伴她，幫她克服種種困難。這種重大的體驗一定會讓你們更加親密。

性侵害

　　我們社會上的性虐待已經氾濫到如同瘟疫的程度。很不幸，女性一生中遭受暴力攻擊的機率統計數字——每三到四人中就有一人——其實比事實偏低。男性遭受暴力的比率大約是七分之一，但是實際上可能更高，因為男性比較不願意報案。別忘了，你身邊有些人經歷過某種性暴力、強暴、亂倫，他們的性慾一定會受到某種影響。有時候，你的愛人或許就是受害者，這種經歷也會影響你們的性關係。

我遭受的暴力經驗確實影響了我的性愛互動方式與對人信任、友善的程度。

——蜜雪兒，25歲，紐約

　　性侵害的經歷會保留在身體細胞中。潛伏在檯面下，隨時可能被觸發。通常是在最情緒化的性愛過程中浮現出來。

有一次我與女友做愛，我們都很投入，非常激情，我感覺跟她合為一體。突然間，她靜止不動、身體僵硬、雙眼緊閉、無法說話。我停止動作，問她出了什麼事，她幾乎無法出聲，我非常擔心。耐心等候她恢復平靜。她終於說了：「抱歉，妳剛才碰我的方式好像我小時候被騷擾的情況。」我無意間喚醒了她過去的經歷，嚇死人了。但是我陪著她、抱她，談到她不想再談為止。我們可以回到充滿愛意的空間，但是停下來處理當時浮現的情緒是必要的。看她如此痛苦令我很難過。

——凱莉，30歲，維吉尼亞州里奇蒙

　　人受到性侵害會有三種層次的反應：首先，因為身體被侵

犯、界線被跨越而滿腔憤怒。其次，會自我封閉、羞愧難當。最後，會感到悲哀，通常造成無法抑制的哭泣，以哀悼自己的經歷與損害。這些反應可能在性愛時突然爆發，或是在幾個月、幾年後浮現。

如果你的伴侶在性愛中發生這種情形，不要嚇得落荒而逃。陪著她，看著她，聽她說話，幫她度過難關。給她任何需要的東西，就是不要翹頭閃人。你對她會是一大幫助。她的經歷會損害某些信任別人的能力，尤其當加害者是她認識的熟人。

如果你陪她度過，就能幫她重建信任感，如果你跑了，對她傷害可能更深。她可能拒絕某些性行為，你要做些調整。如果你很不擅長處理這種事，事後也要花時間反省自己的反應。持續追蹤，跟她深談，或許還需要跟專家討論。你所居住的地方應該有可以幫助你的社會團體，別忘了，療傷止痛是需要時間的。

異常狀態的性愛

無論同志或異性戀，無論什麼理由，很多人會在酒醉或嗑藥後從事性行為。最常見的理由是藉酒壯膽，能讓他們自在一點。有些人認為酒精或大麻之類軟性毒品能提昇性慾，讓人更加放鬆。其實大多數毒品，包括酒精，只會對性愛造成生理障礙，例如陽萎、早洩、陰道失去潤滑或反應遲鈍。

每個人都有權選擇是否在酒後或嗑藥後從事性愛，但是至少要誠實面對可能的後果。異常狀態性愛的最大問題就是人們會忘了保護自己，忘了戴套子，或是因為肢體協調失常而使用錯誤。根據紀錄，很多性侵害案例與酒精或禁藥有關。人們不清醒的時候，比較無法尊重他人的界限。

我的前男友很熱中性愛但是經常醉得能力失常。我必須費盡力氣

說服他放棄（暫停去睡覺）。當我跟酒醉的男人在一起，通常都不是很正面、愉快的體驗。

──愛莉卡，31歲，達拉斯

這麼說吧，喝酒嗑藥都無法幫助你成為大情聖，甚至可能害你侵犯了不該觸及的界限。清醒的人才是好情人，嗑藥或喝酒之後絕對無法專心。懂了嗎？

如果你跟伴侶之一有酗酒或藥癮的問題，會對性生活造成深遠的影響，必須尋求專業顧問或勒戒團體的協助。

性愛風格不同步

性愛的最大障礙或許是兩人的性愛風格不同。有時候兩個人的性需求就是不一樣。當一方的性慾比另一方高得多，就可能發生衝突。有些人天生性慾超強，這跟同性戀或異性戀無關。

依照慣例，第一步就是跟伴侶討論，雙方都必須體貼對方的需要。性慾高的一方可以用自慰方式解決需求，另一方也要努力調整心情，增加辦事頻率。如果某一方不太想要，通常跟其他因素有關，你們要設法找出癥結來。如果找不出原因也無法妥協，比較極端的對策就是引進第三者，讓比較想要的人能夠得到滿足。但是這種驚世駭俗的方法並不容易，要做得恰當才有幫助。

如果我的性慾跟伴侶不同，那就只在兩人都想要的時候才做，也不會嘗試另一個人不喜歡的新花樣。

──茉蒂，20歲，北卡羅萊納州拉雷

其餘的性愛衝突可能跟冒險精神有關。例如其中一方想要嘗試新花樣：肛交、假陽具、S/M、3P、換妻之類，另一方卻對伴

侶追求的探索不太認同。其中一方只好困在慾求不滿的傳統性生活，另一方也因為無法符合伴侶的期望而備感壓力。

要挽救這樣的性關係，雙方都要學習妥協的藝術。「好吧，我就試試假陽具跟綑綁，可是絕對不玩3P。」無論怎麼妥協，雙方都要讓步（或許再加一項彎腰打打屁股）。

粗暴與溫柔的性愛方式也可能發生衝突。有人喜歡驚天動地，也有人喜歡溫柔緩慢。你必須跟對方的步調配合，找出對方的節奏。

遊戲風格會涉及私密的事。我們訪談的某位男士提供了一個他女友喜歡粗暴性愛的故事：其實他也不排斥，只是有時候她玩得太誇張了，她要的方式讓他非常緊張。性愛中，他經常暫停，害怕真的弄傷了她，其實他並不想這樣。事態經常失控，變得驚險刺激。害怕傷到她的心理迫使他迴避性愛。有時候甚至幾個月不做愛，讓他的女友非常不爽。或許他們根本不適合在一起。有時候除了轉變成柏拉圖式的愛情，實在是無計可施。

這些私密議題可能讓任何人完全封閉性生活，攤出來講清楚是很重要的。請探索所有對策，看看能否找出符合兩人性愛風格的折衷之道。這些衝突與障礙也是建立溝通與互信的契機，更是戀情的里程碑。一樣米養百樣人，你必須找出讓伴侶產生性趣的原因，一起討論你的要求與需求。

不要抗拒調適、改變、成長。當你的伴侶願意傾聽你的觀點，請妥協，堅持努力而不是逃避，你知道這樣做會對兩人關係的意義非凡。

第八章　勇闖邊疆

Heading for the Wild Frontier

脫胎換骨

到目前為止，這本讓女同志教你如何成為好情人的書，你領悟了多少？脫胎換骨的你，會變成什麼樣呢？你會把什麼新技巧、新態度帶進臥室，膜拜你愛人的身體？

聽聽女人要什麼

我們訪談的女性對男人有一些強烈的意見與明確建議，你一定會有興趣聽。以下是某些女同志、雙性戀、異性戀女士對我們提出問題的反應，我們讓你聽到女人的心聲，老實告訴你她們需要、想要、渴望怎樣的情人。仔細聽，記清楚。有很多抱怨已經是老生常談，願望也是一再重複。

如果妳可以對全世界異性戀男人講句話，妳希望他們對於做愛有什麼認識？

慢慢來，保持耐心，注意傾聽，勤發問，要誠實。

世界不是圍繞著你的小弟弟運轉的。性愛不只是性交，對女人來說，插入並不能提供最大的刺激。

要專心，要發問，要努力學習。

基本上我想他們應該多溝通、少猜測。更明白地說，例如改善下列幾項：修剪指甲、增加前戲、創新、完事後不要呼呼大睡、不以高潮為目標、溫柔對待陰蒂。這些事端看不同對象而定。

多注意聲音徵兆，例如她何時變興奮。當她興奮時，聽她的呼吸，問她想要做什麼。

多跟女同志聊天。最重要的，跟伴侶溝通：要頻繁、直接、誠實、尊重。放鬆心情當作遊戲！

陰蒂，陰蒂，陰蒂。傳統的「狂抽猛送」是不夠看的。要有大量愛撫與親吻。前戲才是關鍵。

放～輕～鬆。

女人做愛比男人厲害得多，如果他們願意學習，女人可以教他們很多事。好好對待你的女人，她就會善待你。

不是所有女人都一樣，要注意細微的差異。

要體貼，了解她的需求，別太死腦筋。如果有一天，你們在性愛中只是交談、放鬆，也是完全正常的，而且仍然可以樂在其中。我希望他們知道女人是很複雜的，不只是讓男性洩慾的插座。如果予以尊重並且全心對待，女人可以享有多層次的性愛親密感。

所有女人都是不同的，女人的性知識多寡會決定她是否成爲一個優良的性伴侶。即使她很厲害，也不表示她是個怪胎。

女人也可以自慰、使用情趣玩具，但不會因此貶低自己。

有信心、有耐心、多發問，永遠讓她覺得天下我最美。觸摸的變化很重要，關鍵在創意，最重要的原則還是要關心對方的性福。

專心一志，跟女人做愛時，要用盡全身上下的部位。

努力使她喜歡你這個人，這會提高她的性慾，在往後的性愛互動中提昇品質。

擁有性能力不表示你就是性感巨星。有些男人以爲如果女人跟他上床，就是完全愛上他了。女人跟男人一樣是可以逢場作戲的，不要太驕傲。

多花點時間傾聽女友身體的聲音。

如果男人專心注意他的伴侶，就能知道所有如何成爲好情人的資訊——無論是否從她嘴裡說出來。

不要只想著「直搗黃龍」。也要愛撫、親吻，咬脖子、腳踝跟手臂內側。全身的皮膚都是性器官。

慢一點！

這不是電影，你的親友不是觀眾。做愛的時候，你的外表不重要，她快不快活才重要。呻吟、喘氣、扭曲……這些誇張的演技對我們沒有用。再怎麼尷尬也要跟我們溝通你的喜好，問我們怎樣比較舒服。

要有耐心，尤其是你爲女人品玉的時候。男人女人都不會在短時間內達到高潮。
希望他們知道溝通的重要性，因爲每個女人覺得怎樣做最舒服的看法都不一樣。我想女性共同的慾望就是在陰蒂多來一點刺激

吧！這招最有效，男士們，不要太早放棄，否則你的女伴會很失望。在你停止之前，要先確認她已經滿足了。

不要排斥新觀念，它能讓性愛更有趣！或許在建立互信之後，要跟女方親密溝通好怎樣使雙方都舒服。

善待女性！不是每個女人都一樣──你曾經被一個女人害慘，不表示所有女人都是這樣。要確定她是個有愛心、和善的人，在做愛之前願意成為你的朋友。

緩慢，挑逗，深深看著女人的眼睛。

告訴我們你想要什麼，我們或許會照辦。

小心對待陰蒂──直接、強力的刺激不一定會有用。

步調放慢！主菜之前要先上開胃菜。

了解自己與自己的身體，接納自己的身體與性慾。學著欣賞女性的身體之美，還有陰戶、陰道，全身上下！欣賞其中的不同。

異性戀男人對待女性讓妳最感挫折的毛病是什麼？

他們非常拙於傾聽或跟伴侶溝通！
男人自認無所不知，尤其是關於口交。還有他們對性愛的定義只是把陰莖插入陰道，讓他高潮。

他們傷害自己的身體。

他們急著滿足自己的男性氣概，感覺自己權力高於女人。貶抑女人與她們的身體，自認非常重要又迷人。

自作聰明。打情罵俏不一定能讓人興奮，有時候一點點進展就足夠了。男人必須像女人一樣放鬆，注意發生的大小事。

自我中心、遲鈍、缺乏浪漫。性愛可不只是「打完一炮就閃人」。

情感無法投入，不體貼別人的心情。

他們不了解女人多麼在意他們說出來的話。我有些朋友的老公對她們的外貌身材說出很傷人的話，渾然不覺自己做錯了什麼。他們不知道自己無形中造成女性飲食失常、自信低落。他們通常不是故意的，但是殺傷力一樣大。

性別歧視、種族歧視的態度與言論。

敵意、性別歧視的行為、高姿態、菸酒過量。

他們完全無法理解隱喻、暗示、絃外之音與諷刺。

不尊重。那種自認比女人聰明又急著炫耀的男人，或喜歡喜歡玩智力測驗讓女人自慚形穢的傢伙最討厭。女人要跟自己覺得相處最自在的人交往，而不是「跟妳約會是給妳面子」的人。

傲慢，不禮貌，把女人當性玩物，自認可以對我予取予求。佔有慾太強，依賴性太重（獨立與依賴必須取得平衡），而且自以為是。

無法溝通！難道要我們用特異功能猜他的心思嗎？

男人的什麼毛病讓妳性趣缺缺？

自私，我沒心情的時候強迫發生性行為。

只想著自己，忘了問女人想要什麼、感受如何。

不懂前戲的男人最無聊。

懶得費力氣安排像樣的計劃，只會問「這個週末妳想幹什麼？」
的男人讓我性趣全消。我討厭男人說我的女性主義態度「很可
愛」！我討厭從不稱讚我的男性。我特別討厭吹噓過往性史的男
人。叫女人保持距離、自稱「很危險」的男人真是荒謬到家。還
有，想要我的電話號碼卻不給我他的號碼，這種男人簡直是原始
人。曾經侮辱過我的男人絕對是三振出局。

衛生習慣太差。

我不喜歡緊張兮兮、恐懼、畏縮的男人──他們無法在互動中提
供足夠刺激或動機。我想了解他，但是不想感到痛苦或是被粗心
大意地對待。

他們只關心自己的滿足，自以為無所不知，聽不進別人的指導，
所以不知道我喜歡什麼、怎樣接觸。有些男人似乎以為所有女人
在床上都一樣。

把陰莖當成魔杖，做愛時不懂利用其他身體部位的人。

對於女人的喜好無法放下身段與成見。

自私，不敢冒險。

只會躺在那兒等妳去服侍他。做了某些讓妳很舒服的事，但是無法維持到妳高潮。做愛的目的只爲了自己達到高潮，不關心對方高潮了沒有。害怕冒險，無法開放接納對方意見去嘗試新事物。

不願意談論性愛以及相關話題（例如性病與避孕）。

猴急、心不在焉、心胸狹窄、只會一招半式的傢伙。

我努力想要親近他的時候，卻看不出他感受到了其中涵義。還有，太強調「男子氣概」，超強的男性意識是一大殺手。

進展太快，只在乎自己滿足！

　　女性的閨房怨言絕對是有跡可循的，但是我們知道你絕對不是自私自利的男人，否則你怎麼會閱讀這本書呢？不過重點值得一再強調，因爲世界上顯然還有很多自私的男人，讓婦女同胞一再說出類似的話。所以要注意自己的表現。
　　現在就來討論一下你與你的小弟弟。

屌兒郎當？

　　這一節專門探討你最親密的戰友：你的陰莖、老二、小弟弟、寶貝與蛋蛋、巨棒。你以爲女同志對男性器官一無所知嗎？大錯特錯囉！

我們希望幫助你對這個身體部位建立起輕鬆健康的態度，畢竟它在生命中占據了你一大半的心思。如果你還是不懂，我們這就把你的小弟弟放在性器官重要程度排行榜上。準備倒數揭曉：

 你最重要的性器官

1. 大腦。
2. 嘴巴。
3. 雙手。
   （鼓聲配音，接下來是……）
4. 陰莖——離冠軍寶座還很遠。

　　你現在知道一切不是全靠陰莖，感覺好多了，比較輕鬆了吧？請大大鬆一口氣，因為你還有其他的性愛工具。

表現壓力

男人總是懷疑自己表現如何。不只是自己夠不夠大、屬不屬害，還要跟她以前的伴侶比較。

——布萊德，27歲，紐約

如果我比她先高潮，會感覺自己像是窩囊廢。

——傑克，31歲，巴爾的摩

床上高手就是性交、插入、絕不品玉，或一些有的沒的。壓力總是圍繞在這個行為的四周。

——布萊恩，37歲，科羅拉多州波德

　　那麼男人自認最重要的性器官是什麼呢？大部分人會說當然是那話兒。事實正好相反！男人自認最重要的資產，在宏觀的性

愛版圖之中其實不太重要。要當一個好情人，最佳方法就是忘了你的陰莖。聽起來很荒謬，卻是事實！弟兄們，投降吧。如果陰莖是性福的關鍵，那你永遠比不上女同志。她可以綁上任何形狀與尺寸的假陽具，整晚不休息，而且絕對沒有陽萎問題。

親愛的，靠過來
你可以綁上假陽具，學習運用的方式。只要別太專注於陰莖的快感，就可以學習到更有效的方法來取悅你的愛人。繫帶式陽具比真品好用多了！

從第一次上體育課開始，或許你的陰莖已經帶來了太多焦慮。你罹患「比較/絕望」症候群，看到別人那麼大，感覺自己多麼小（冷水澡本來就會使它縮小），看到誰長了毛、誰沒有。年齡再大一點的時候，又為了勃起與早洩問題憂慮不已。擁有陰莖可不是輕鬆的事。

大小不是問題

很多陰莖問題來自你給自己的表現太多壓力，以為陰莖大小決定了整個人的價值。世界不是繞著你的老二運轉，想清楚這一點就能拋開大部分壓力。你的環境灌輸了你對陰莖的某些看法，這很難消除。但是建立自覺是個好的起步。

大多數男人一生中總會遭遇某種程度的勃起障礙。男子漢的兩大剋星就是不舉跟早洩。其實只要放輕鬆，就能大大改善，讓你抬起頭來、維持久一點。

可別提早買單

就我所知，所有年齡層都會發生男性性功能障礙，真是令人

洩氣。他們不願意談，只希望我假裝什麼問題都沒有。比方說，他們通常不願意學習如何防止早洩。

——瑪姬，51歲，佛州奧蘭多

　　高潮控制力的關鍵在於熟悉所謂的「不歸點」（The Point of No Return）。你可以在自慰時練習，也可以跟伴侶合作。這個時點就是當你超過極限的瞬間，你要射了，就算天塌下來也擋不住，因為所有的身心機制都啓動了。

　　就像推倒第一張骨牌，其餘的必然隨之倒下。這時候你做什麼都沒有用：停止抽送、拔出來、想到恐龍妹。你可以停止自我刺激，完全靜止，但是收縮動作仍然會持續，精液會不由自主地飆出來。

　　為了培養控制力，你必須非常熟悉不歸點，並學著如何應付它。到達這個點之前就要減少刺激，因為一旦到了就來不及了。也就是說，性交時必須放慢動作、深呼吸，請伴侶也放慢或是靜止。在你恢復控制力之後，重新開始。自慰時也要這樣做，訓練自己的身體準備跟伴侶交合：讓自己興奮到失控邊緣，減少或完全停止刺激，直到你覺得可以控制住。

　　越來越熟練之後，你可以在恢復過程中同時維持刺激，在性愛路途中享有更高的快感。快要到達不歸點時，收縮你的恥尾肌也有幫助，能夠減少射精的慾望。還有某些紀錄顯示藉由自主的恥尾肌動作，男性也可以增加高潮強度或達到多重高潮（通常只有女性會這樣）。

親愛的，靠過來

鍛鍊恥尾肌的男人比較能夠控制射精，克服早洩問題。這樣可以在陰道性交時讓雙方更加愉悅。

好男人難找

你已經聽過「好男人難找，俗仔滿街跑」這些老套，問題通常就追溯到表現的壓力。

勃起困難可能從邂逅的那一刻就開始了。在這麼初步的階段，根本沒人想到勃起的問題。這很正常，跟新認識的人混熟，到覺得放心、輕鬆，總要花一些時間。

如果狀況一直沒有改善，你應該尋求專業人士或醫師的協助。估計大約有50%的勃起障礙是來自生理因素，與精神壓力、酗酒、藥物（無論處方藥或是毒品）相關。如果你有勃起障礙，尤其是40歲以上的人，去檢查一下攝護腺功能比較好。

親愛的，靠過來

你越喜愛對方，焦慮的程度越高，真是諷刺。你越努力想取悅的對象，越可能使你的問題惡化，因為你希望在她面前一切都很完美。

只要一想到就完蛋了。問題在我腦海盤桓不去，我翹不起來，而且我不知道如何擺脫這個問題。

——比爾，23歲，紐約

我女友幫了大忙。她沒有大驚小怪，反而更努力幫我勃起。她說：「我們慢慢來吧。」壓力因此解除了。

——戴爾，28歲，芝加哥

別再想你的老二了！這是什麼意思？就是不要再想你自己的問題了。如果你一直擔心勃起障礙，在乎自己表現好不好，這就很難做到。男性氣概通常與某些預設的表現觀念有關，讓你無法專注於當下。女同志與靈修大師就從來不擔心他們的陰莖大小。

注意眼前，全心投入性愛的國度，其餘瑣事自然水到渠成。

親愛的，靠過來
插入時最重要的是怎樣使伴侶（就是被插入的人）感到愉悅，而不是你自己的愉悅。身為好情人，請忘了你自己的陰莖，全力配合伴侶。

了解自己

深入了解自己是很重要的事。你現在可能有點抗拒，想著「喂，我當然了解我的老二。別的我不敢說，自己的老二還不清楚嗎？我還替它取了名字咧！」

你對自己老二的了解或許沒有你想像中深入。你跟它的關係可能就像跟鄰居的關係——你每天看到他，做的都是一樣的事，點頭而過。同理可證，你像其他男人一樣，或許很熟悉自己的陰莖，每天看到它，每天用同樣方式尿尿，尿完抖幾下都固定了，搞不好連打手槍的方式都一樣，跟伴侶做愛時多半也希望以同樣方式高潮。

我的老二跟我沒有親密感。我想就像其他的人際關係一樣，我需要花時間傾聽，試著了解它。因為它太理所當然了。

——史提夫，24歲，舊金山

要拉近關係，必須在自娛或同樂的時候勇於探索，嘗試新事物；發現自己，或重新認識老朋友。這種親密感與開放態度非常重要，能夠幫你在親密行為中指點伴侶，達到高潮。

大小

人們太強調大小的重要性了。大多數男人的size都在正常的範

圍內，這也是讓大多數陰道感到最舒適的大小。所謂「正常」就是大多數人都是這樣，不表示你的陰莖矮人一截。有些男人天賦異稟，也有人先天不良；就如同有些女人如江海納百川，也有些女人喜歡短小精悍。

如果你的大小真的很異常，就必須想辦法解決。你不一定非用陰莖不可，如果她尚未滿足，綁上假陽具一樣可以大展雄風。不用說，你還可以用意志、嘴巴、手指讓她大吃一驚。

再回想一下常見的比較／絕望症候群吧。女人不常有機會看見別人的陰戶，讚嘆它的美麗多變，異性戀男人也沒什麼機會看到別人勃起的陰莖。有的細細長長，有的肥肥短短，還有又粗又長的，形狀差異可能很大。有的陰莖比較尖，龜頭形狀也各有不同。

例如，某些陰莖的蕈狀頭比較大，有的像鋼盔。還有，現在男童流行割包皮，但是也有很多人沒割。有人喜歡割過包皮的樣子，但是沒割包皮的人覺得快感比較強，因為龜頭受到包皮的保護。很多人也喜歡玩自己的包皮。

每根陰莖都有獨一無二的特徵。陰莖軟垂的時候形狀差異最大，有人很小，有人很大。但是一勃起，大的通常也大不了多少，小的卻會明顯膨脹。有時候小東西勃起時，甚至超過軟垂時原本較大的陰莖。唉，人生本來就不公平。有些人喜歡在更衣室晃來晃去，趾高氣昂，其實他只是普通尺寸而已。

擁有陰莖是件很詭異的事。每個人的陰莖形狀都不相同，你永遠不知道哪個傢伙才是「大」丈夫：無論癱軟、高昂、肥大、飢渴或是普通。

——湯姆，31歲，洛杉磯

親愛的，靠過來

男人經常被形容成色情狂、用下半身思考的野獸。本書已經譴責過這種惡習。過度崇拜陰莖並不是好事，但是陰莖也沒什麼好忌諱的。無論男女雙方都應該以積極健康的態度看待性愛、身體、生殖器與對方。要以自己的陰莖與性慾為榮。

　　抱持健康的心態，別太在乎大小與表現的成見。專心做一個好情人，注意，學著提昇自己各方面的技巧。

整裝待發

追求均衡

宏觀角度來看,在世界局勢中、現實生活中、戀情中發生的每件事都會影響我們的性生活。

沒錯——所有不公、不義、不悅、挫折的事都會潛入我們的臥房,妨礙我們的幸福。男女雙方都需要取得更多均衡,這是努力的重點。

誰握有權力、誰分享權力、誰服從、誰主導。或許女性想要的就是比較陰柔一點的男人,這不是壞事。她們只是要你放下身段與傲慢,機靈一點,多關心她們一點。這不過分吧?

看待追求均衡這件事有很多種方式。你不一定要用新時代的流行語或是加入男性團體。把它當作進化——「盡己所能」。就像熬過新兵訓練中心的磨練,蛻變成一個真正的男人。

到頭來,堅守自己選擇的立場,會讓你成為最誠實的人與最佳性伴侶。不靠社會規範,不靠父母規定,由你自己定出規則。擺脫你以往強迫自己適應的舊框框,走出自己的路。

最古老的神祇是女性,所以有Mother Earth大地之母這個詞彙。在女神的時代,女性法則統治世界,人們和平相處,跟大自然保持和諧。然後父權體制的男性神祇帶著刀劍出現,接管了世界,從此人類就苦難不斷。

——凱倫,41歲,亞利桑那州阿帕契保留地

你可以純粹把它當作神話或是文化人類學,但是上述的兩個主角,男性與女性,已被廣泛植入人類的心理層面。

除了性愛指導之外，本書也強調把兩個極端達成整體的均衡，幫忙跨越男女之間的鴻溝。唯有朝著均衡的方向努力，世界才可能生存繁衍。

親愛的，靠過來
如果你要從本書學一點東西，就學這個：放棄生活中恪遵的僵化規則，允許自己在性愛、感官方面探索新領域。

新好男人在自己陽剛與陰柔的一面達成均衡：他不一定永不犯錯，不一定要掌控全局，不一定要我說了才算，也不一定永遠要佔上風。

即使世界上最偉大的運動員也有強烈的陰柔面。麥可喬丹很開放、有創意、不做作。接受訪談的時候，他不斷強調在積極動作與順勢而為之間取得平衡，讓比賽進行流暢。能捨能得的新好男人能夠隨機行事，彈性扮演各種角色，心胸開闊，不會死守一個模式。

以往男性追求的是自由、自給自足、與人鬥、與天鬥。這些都是社會價值注重的特質——粗曠堅強的個人，無欲無求，可以征服大自然與全世界。但女人可不想被征服，她們想要受尊重、受關愛。

有時候我覺得男人和女人根本是南轅北轍的生物，無法相容。
——泰德，27歲，波士頓

男人女人或許不同，但不表示無法改變或促進了解。新好男人需要勇敢的女人，他必須在半途跟她會合。

開拓未知領域

我覺得手足無措，對性愛困惑不已。我以前學過的東西現在都變成錯的，難道我做什麼都要先發問嗎？以前「不要」就是「要」，我有那麼邪惡嗎？

——凱文，40歲，紐約

在性愛與戀情的競技場上，從來沒有像現在這麼混亂的時代。我們像蹣跚學步的嬰孩，不斷跌倒，摔得鼻青臉腫，對待女人的方式經常急轉彎，尤其是兩性交往規則經常改變的時候，叫男人把不了解的東西生吞活剝並沒有用，重要的是把他們新學到的東西應用在實際行動上。

親愛的，靠過來

荒野的邊疆神祕無比，充滿挑戰。探索自己與伴侶的地圖之外的領域，是最困難、但收穫最豐碩的事了。

優質性愛需要共同努力。這不是魔法，如果你覺得效果很神奇，那是因為你努力過了。我們新獲得的性解放迫使我們面對問題，以及身為人類的中心疑問，發現世上還有另一個截然不同的世界：這是個權力與責任對等的世界，這個世界的人事物不一定都待價而沽，這個世界不是環繞著陽具運轉。以往男人必須掌控一切、表現完美、爭取領導權、採取主動、扮演餵食者、剛毅木訥的種種壓力，都會變成過往雲煙。

滿足的性生活有兩個關鍵成分：溝通與開放。要有勇氣拋棄以往習慣扮演的角色。如同前面說過，女同志經常在這個競技場

上佔優勢，因爲她們的角色定義比較模糊。放下身段才能實驗、擴展，隨著性愛的體驗而進化。順著旅途向前邁進吧！

蓄勢待發

好，現在你把本書看完了。你和你的小弟弟受到震撼教育，你聽從新觀念而且堅持到底，值得嘉獎。你會因此成爲更好的情人。你興奮嗎？放鬆了？洩氣了？有機會把女同志的指導應用到行動上嗎？記住，一切都從你自己開始，你跟你的陰莖與身體的關係，還有你對待女人的方式。

我們希望你成爲一個好情人。希望那些女性經常抱怨的老套台詞不會掉到你頭上。女人希望你慢下來聽她們說話，希望你在乎一下她們的需求，多碰她的陰蒂，希望你多溝通、尊重她們。這些都是些很基本的事情，偏偏很多男人就是做不到。

希望這本書中有足夠的實用提示讓你拼湊起來，成爲她的夢中情人。她就在那兒，正在等你。我們知道你不會再狂抽猛送，射精後就轉身呼呼大睡，讓她失望傷心。女同志都懂，你也應該懂。

放鬆融入性愛體驗中，這是你跟她的身體交織而成的旅程。當個偉大探險家，試試新花樣。下次有機會，跟伴侶試試以前從來沒做過的事。找一天試驗沒有生殖器交合的性愛，嘗試新體位，嘗試新玩法。讓她用小指插入你的肛門，爲她品玉一個小時或更久。

幫她按摩，然後上床親吻擁抱。完全服從她，讓她把你綁起來。試試全身光溜溜只穿一件大衣、手捧花束的角色。送給她精心包裝打上蝴蝶結的電動按摩棒。找一個下午跟她討論你的感受、你如何學習性愛、你跟她的性愛如何改變你。想到什麼，就去試！

蓄勢待發，前往荒野的邊疆，看看會發現什麼地方。康莊大道正等著你們踏上。用她喜歡的方式愛她，你就會成爲她紀錄中的終極夢幻情人。善用你們所有的肢體與感官。最重要的，享受性愛之樂！

參考資料

兩性關係與溝通

The Erotic Mind: Unlocking the Inner Sources of Sexual Passion and Fulfillment. Jack Morin, Ph.D. (HarperPerennial, New York)描述我們的心理、情緒與自尊如何影響性生活架構的好書。

Getting the Love You Want: A Guide for Couples. Harville Hendrix, Ph.D. (Henry Holt, New York)帶領你經歷戀情發展的不同階段，以為期十週的戀愛課程作結尾。幫你找出自毀模式的徵兆，以及家人如何塑造你的戀愛習慣，是一本見解精闢的好書。

Let's Talk: A Guide to Improving Couple Communication（有聲書）. Isadora Alman, M.A., M.F.C.C.(3145 Geary Boulevard, #153, San Francisco, CA 94118)

The Fine Art of Erotic Talk: How to Entice, Excite and Enchant Your Lover with Words. Bonnie Gabriel(Bantam, New York)在閨房內外如何與愛人談話的詳細指南，包括值得一試、表達對伴侶愛慕之情的性感小遊戲。

身心整合

Full Castrophe Living: Using the Wisdom of Your Body and Mind to Face Stress, Pain, and Illness. Jon Kabat-Zinn, Ph.D. (Dell, New York).Kabat-Zinn博士列出了應付現代生活壓力的計畫。整個計畫包括冥想課程、瑜珈術、放鬆運動。用淺顯易懂的語言解說複雜深奧的觀念。

The Book of Massage. Lucinda Lidell, with Sara Thomas, Carola Beresford Cooke, Anthony Porter. (Gaia Books, Simon & Schuster, New York)解說按摩基礎的優良入門書。

The Art of Erotic Massage: Vol. 1 and 2（videos）Kenneth Ray Stubbs, Ph.D. (Jeremy P. Tarcher/Peguin Putnam, New York)性感有趣，專論兼具愉悅與療效的生殖器按摩法。

女性性慾

A New View of A Woman's Body. The Federation of Feminist Women's Health Centers (Feminist Press, West Hollywood, California)以嶄新突破的看法解說女性的生殖器官與性慾，加上Susan Gage繪製的詳實插圖。極力推薦。

The New Our Bodies Ourselves. The Boston Women's Health Book Collective (Touchstone, Simon & Schuster, New York) 關於女性保健的經典，無所不包。

Sex for One: The Joy of Selfloving、*Selfloving*(video)、*Celebrating Orgasm*(video)、*Viva la Vulva*(video)，Betty Dodson（直接訂購地址：Box 1933 Murray Hill Station, New York, NY 10156; (800)363-7517; www.bettydodson.com）貝蒂·道森博士是自慰的祖師婆婆，比任何人幫助更多婦女找到高潮的幸福。她論述女性身體與快感的經典著作跟很多錄影帶裡充滿了真實、簡易、對性有益的資訊。請上她的網站查詢進一步細節資料。（Sex for One有中文版，中文書名：自慰，永中出版）

Femalia. Joanie Blank (Down There Press, San Francisco)漂亮、高品味的女性生殖器官寫真書。即使你以前已經看過很多，看看這本簡潔的小書中豐富多變的陰戶，依然有趣。

How to Female Ejaculate(video). Fanny Fatale（Fatal Video/Blush Entertainment, 526 Castro Street, San Francisco, CA 94119; (415)861-4723）這部影片由A片女星Fanny Fatale、Carol Queen等人主演，以教育性的方式解說G點與射潮，還有女性射潮的示範。

Zen Pussy: A Meditation on Eleven Vulvas(video). *Fire in the Valley: An Intimate Guide to Female Genital Massage*(video), Annie Sprinkle and Joseph Kramer(EroSpirit Research Institute, P.O. Box 3893, Oakland, CA 94609; (510)428-9063) *Zen Pussy*是一部獨特的冥想影片，有陰戶的特寫鏡頭，用吐納的語言讓陰戶真正達到冥想超脫。*Fire in the Valley*是讚美陰戶的影片，藉由指導與示範解說女性生殖器按摩，討論箇中好處，鼓勵情侶們探索隱藏之火的力量。

The Clitoral Truth, Rebecca Chalker (7 Stories Press, www.sevenstories.com) 提供婦女關於她們身體與性反應的完整、精確、詳盡的資訊，並提供提昇性生活的方式。

男性性慾

The New Male Sexuality: The Truth About Men, Sex and Pleasure. Bernie Zilbergeld, Ph.D. (Bantam, New York) 幫助男性了解從溝通到技巧的性愛過程的指南書。有一段談論男性常見的性功能障礙與解決方法很不錯。

Sexual Solutions: A Guide for Men and Women Who Love Them. Michael Castleman (Simon & Schuster, New York) 解決男人常見的性愛問題的實用指南,包括關於早洩與不舉的有用資料。

The Multi-Orgasmic Man: How Any Man Can Experience Multiple Orgasms and Dramatically Enhance His Sexual Relationship. Mantak Chia and Douglas Abrams Arava (HarperSanFrancisco) 本書提供強化性愛肌肉、控制射精、培養性愛能量的運動方法,幫助男士提昇性生活。

SEX: A Man's Guide. Stefan Bechtel and Laurence Roy Stains (Berkley, New York) 以對話的形式、簡單易找的區分,為男人中的男人所寫的書,含有許多男性性生活重要的資訊。

Circumcision Exposed: Rethinking a Medical and Cultural Tradition. Billy Ray Boyd (The Crossing Press, Freedom, Calif.) 作者以熱情、新鮮的分析對於男性割包皮的文化接受度與醫療價值提出挑戰與質疑。

The Man's Health Book. Michael Oppenheim, M.D. (Prentice Hall, Princeton, N.J.) 一本簡明的參考書,提供男士保健議題的重要論述,從營養均衡、皮膚保養 到老化與癌症。

The Joy of Solo Sex. More Joy...An Advanced Guide to Solo Sex. Dr. Harold Litten (Factor Press, P.O. Box 8888, Mobile, AL 36689) 書中以健康的態度看待自慰的樂趣。

口交

The Clitoral Kiss: A Fun Guide to Oral Sex, Oral Massage and Other Oral Delights. Kenneth Ray Stubbs, Ph.D., with Chyrelle D. Chasen (Secret Garden, P.O. Box 67-KCA, Larkspur, CA 94977-0067) 插圖豐富的書籍,有數十種取悅陰蒂的親吻與舔舐方法。

Nina Hartley's Guide to Cunnilingus(video). *Advanced Guide to Oral Sex*(video). Nina Hartley (www.adameve.com) 前者是肯定性愛、指導基礎的影片，從器官構造與G點位置到品玉的特殊技巧。影片還包括一個生殖器按摩的溫馨段落。後者也差不多，但是包括取悅兩性的資訊。

肛交

Anal Pleasure and Health. Jack Morin, Ph.D. (Down There Press) 談到肛門構造與如何保護它，讓它愉快的經典之作。

Bend Over Boyfriend(video). *Bend Over Boyfriend II*(video).Carol Queen主演，兩部都是實戰教學影片，探討經常被視爲禁忌的事：女性夥伴插入男性肛門，還有男女進行肛門遊戲的眞實片段。後者則是話少行動多。

Guide to Anal Sex(video). Nina Hartley(www.adameve.com) 這支影片提供了基本、正面的肛交遊戲入門方法，強調準備插入的施壓法與幫助伴侶放鬆的技巧。

The Ultimate Guide to Anal Sex for Women. Tristan Taormino(Cleis Press) 專供尋找肛交資訊的女性參考用的好書。

性愛概論書籍

The New Good Vibrations Guide to Sex. Cathy Winks and Anne Semans(Cleis Press) 每個人書架上都該有一本的性愛年鑑，由Cathy Winks與Anne Semans 兩位專家執筆，充滿關於性愛的具體資料。

All About Birth Control: The Complete Guide. Planned Parenthood Federation of America (Three Rivers Press/Crown) 列出從保險套到避孕藥的所有避孕方式。

The Art of Sexual Ecstasy: The Path of Sacred Sexuality for Western Lovers. Margo Anand (Tarcher, New York) 作者幫助讀者探索性愛的精神層面，把性愛的思維轉變成持續進行的流程與做法。

The Tao of Love and Sex: The Ancient Chinese Way to Ecstasy. Jolan Chang(Penguin, New York) 探索中國古代性愛愉悅的好書，其中關於插入技巧與呼吸的章節最精釆。

The Great Sex Weekend. Pepper Schwartz, Ph.D., and Janet Lever, Ph.D. (Putnam,

New York) 適合工作忙碌、無心性愛的專業人士的指南書。

The Guide to Getting It On. Paul Joannides (Goofy Foot Press, USA) 直接了當、對話形式幽默的好書，充滿實用的操作技巧。

Turn Ons: Pleasing Yourself While You Please Your Lover. Lonnie Barbach, Ph.D. (Plume, New York) 本書有很多讓你的性生活保持刺激的點子，尤其擅長在做愛中整合所有感官。

拓展視野

Good Vibrations: The Complete Guide to Vibrations. Joani Blank (Down There Press, San Francisco) 按摩棒完全指南。

The Strap-On Book. A.H. Dion (Greenery Press, www.bigrock. com/~greenery) 綑綁式陽具之書。

The Topping Book, or Getting Good at Being Bad. The Bottoming Book, or How to Get Terrible Things Done To You by Wonderful People. Dossie Easton and Catherine A. Liszt (Greenery Press) 前者是給有興趣想要學習如何做個負責任的主人，並樂在其中的人的優良入門書。後者是前者的對照，給那些想要體驗服從之樂的人參考。

S/M: Sensual Magic. Pat Califia (Masquerade Books, Alyson Publications, New York) 只要是Pat Califia這位作者寫的書都有很多具體資料，這本書是進入美妙的S/M世界的優良入門書。

Exhibitionism for the Shy: Show off, Dress Up and Talk Hot. Carol Queen (Down There Press, San Francisco) 有很多如何拓展性生活領域、接觸自己潛在的暴露慾、享受其中樂趣的優良資訊。

SM 101: A Realistic Introduction. Jay Wiseman (Greenery Press)

A Hand in the Bush: The Fine Art of Vaginal Fisting. Deborah Addington (Greenery Press) 徹底、豐富、親密的讀物，探討手交的所有優缺點，如果你打算嘗試這門手藝，推薦必讀。

國家圖書館出版品預行編目資料

搞定女人：女同志給男人的性愛指導／
潔美‧ 高達(Jamie Goddard)，
寇特‧布倫加(Kurt Brungardt)作；李建興譯. --台北市：
大辣出版：大塊文化發行，2003〔民92〕
面；　公分. -- (dala sex; 2)
譯自：Lesbian sex secrects for men:
what every man wants to know about making
love to a woman and never asks
ISBN 957-28449-6-2（平裝）

1. 性知識 2. 同性戀

429.1　　　　　　　　92017666

not only passion

not only passion